南京水利科学研究院专著基金

洪泽湖无机悬浮物浓度垂向分布遥感监测研究

雷少华 李云梅 金秋◎著

河海大学出版社
HOHAI UNIVERSITY PRESS

·南京·

图书在版编目（ＣＩＰ）数据

洪泽湖无机悬浮物浓度垂向分布遥感监测研究 / 雷少华，李云梅，金秋著． — 南京：河海大学出版社，
2022.10

ISBN 978-7-5630-7645-1

Ⅰ．①洪… Ⅱ．①雷… ②李… ③金… Ⅲ．①洪泽湖
—无机物—悬浮物—环境遥感—环境监测 Ⅳ．
①P427.2

中国版本图书馆 CIP 数据核字（2022）第 181544 号

书　　名	**洪泽湖无机悬浮物浓度垂向分布遥感监测研究**
书　　号	ISBN 978-7-5630-7645-1
责任编辑	曾雪梅
特约校对	孙　婷
封面设计	张育智　吴晨迪
出版发行	河海大学出版社
地　　址	南京市西康路 1 号（邮编：210098）
电　　话	(025)83737852(总编室)　　(025)83722833(营销部)
	(025)83787103(编辑部)
经　　销	江苏省新华发行集团有限公司
排　　版	南京布克文化发展有限公司
印　　刷	江苏凤凰数码印务有限公司
开　　本	700 毫米×1000 毫米　1/16
印　　张	8
字　　数	150 千字
版　　次	2022 年 10 月第 1 版
印　　次	2022 年 10 月第 1 次印刷
定　　价	52.00 元

前言
PREFACE

洪泽湖是我国第四大淡水湖,也是淮河流域最大的淡水湖。它不仅是淮安市 500 万人口的重点饮用水源地,也是南水北调东线工程具有重要调蓄功能的筑坝型水体。受到淮河来水扰动、气候变化和人类活动等影响,洪泽湖已经成为典型的以无机悬浮泥沙颗粒物为主导的浑浊湖泊,湖泊内部表层-垂向无机悬浮物浓度(ISM)及其时空变化显著改变洪泽湖水体水下光场分布,并进一步通过影响光合作用对湖泊生态系统产生巨大影响。此外,洪泽湖湖底比东部苏北平原高 4～8 m,导致洪泽湖本身已成为"悬湖",水体中 ISM 的三维变化可能会影响位于湖东部始建于东汉时期(约公元 200 年)长约 67.25 km 的大型人工堤坝的安全。因此,全面掌握 ISM 三维时空分布状况不仅可以增进对水柱中生物地球化学进程的理解,也可以为水沙平衡管理、湖泊环境治理、湖泊生态安全建设奠定数据和理论基础。但是目前关于 ISM 的遥感反演研究多集中于表层,且假设水柱中 ISM 具有垂向均一性,忽略了水体不同深度浓度及垂向结构变化对表面光学特性的影响。

本书以洪泽湖为例,研究水柱分层的辐射传输机理,根据多次洪泽湖野外实验的实测水质、光学数据,分析水下光场信息与水色要素的响应关系,确定水体辐射传输模拟的边界值,率定水柱中吸收系数、散射系数等关键光学参数,基于水体辐射传输模型,实现了从不同水层物质(组分、浓度、粒径)基础到固有光学特性,再到表观光学参数的正演过程,构建了适用于洪泽湖的 ISM 表层-垂向参数查找表。建立了适用于哨兵 3 海洋和陆地水色成像仪(Ocean and Land Color Instrument, OLCI)数据的查找表匹配方法,实现了从遥感反射率到不同深度无机悬浮物浓度和柱浓度遥感估算的反演过程。

本书主要研究内容和结论如下。

(1) 分析了洪泽湖水柱中水色要素组分、浓度、粒径和光学特征

本书根据多次洪泽湖野外实验的实测水质、光学数据,分析了洪泽湖水下水色要素组分、浓度、粒径的垂向分布特性,探究了水色要素与固有光学量和表观光学量的影响机制。在水体组分方面,洪泽湖是典型的以无机悬浮物为主导的水体,水柱中 ISM 占总悬浮物浓度(TSM)的平均比例约为 87%,且 ISM 与

TSM 的相关系数高达 0.99,随着深度的增加,ISM 占 TSM 的比例不断增大。在水色要素浓度方面,叶绿素 a 浓度(Chla)整体水平较低,平均值小于 10 μg/L,且随着深度增加不断减小。而 ISM 和 TSM 水平较高,平均值都随着深度增加而增大,有机悬浮物浓度水平相对较低,平均值随着深度增加不断减小。在粒径分布方面,洪泽湖水体中悬浮物以细小(如平均中值粒径 $D_V{}^{50}$ < 17 μm,平均面积粒径 D_A < 7 μm)矿质颗粒物成分(如黏土、以石英为主的泥沙等)为主,随着深度增加,悬浮物粒径不断增大;在 400~800 nm 范围内,绝大部分样点在不同水层的非水吸收都是由非色素颗粒物主导,在蓝光波段区间,有色可溶性有机物(Colored Dissolved Organic Matter,CDOM)的吸收贡献率位居第二,在蓝光以外的波段,色素颗粒物吸收占比高于 CDOM。洪泽湖不同水层中光学参数,如吸收、后向散射和衰减系数,以及表观光学参数均显著受到无机悬浮物浓度和总悬浮物浓度、粒径分布的影响。

（2）构建了无机悬浮物表层-垂向多维要素查找表

本书根据上述对洪泽湖水体水柱中光学特性的分析,确定了水体辐射传输模拟的边界值,构建了不同水层中水色三要素吸收或散射、后向散射系数等关键光学量的参数化模型,构建了适用于洪泽湖 ISM 的表层-垂向参数查找表。该查找表适用于以无机悬浮物为主导的水体,其 Chla 处于中低水平,范围为 0~40 μg/L;a_{CDOM}(440)(440 nm 处 CDOM 的吸收系数)处于中低水平,范围为 0~2 m^{-1};无机悬浮物浓度范围最广为 0~96 mg/L;与无机悬浮物浓度和粒径大小密切相关的后向散射概率和后向散射斜率区间分别为 0.012~0.04 和 0.4~2.4,覆盖了洪泽湖绝大多数样点固有光学量的实测数据范围;与此同时,设置了指数、对数、线性等 6 种无机悬浮物垂向分布模式;查找表共有 47.52 万条数据。通过比较和验证实测数据和查找表中对应的结果,发现两者数据非常接近:遥感反射率(34 个波段)的 MAPE(平均绝对百分比误差)数值区间为 2.8%~16.6%,平均值为 7.19%。

（3）构建了表层-垂向悬浮物浓度的遥感估算方法

通过逐步降维的方法,在保证匹配精度的情况下,根据遥感反射率特征首先模糊估算表层 ISM 和 Chla 的大致范围,以缩小查找表条数,提高计算效率;然后基于大气矫正后 OLCI 遥感反射率的量级和形状进行两步匹配,得到无机悬浮物逐层浓度以及柱浓度的估算结果。在基于影像的验证中,利用星地准同步(±3 小时)实测的 23 个样点数据对无机悬浮物的表层浓度和柱浓度进行估算结果验证,结果表明:两者的 MAPE 数值分别为 18.24% 和 23.74%,整体效果较好。将算法应用于 2018 年 95 景高质量影像后发现,超过 90% 的像元匹配相似度都在 90% 以上。

（4）探讨了洪泽湖悬浮物表层浓度以及柱浓度的时空分布规律

洪泽湖水下逐层无机悬浮物浓度（ISMz）和无机悬浮物柱浓度（CMISM）的空间分布十分类似，高值部分多位于东部的过江水道和东北水域湖区。同时，位于北部的成子湖湖湾区和位于西部的溧河洼湿地湖湾区，地形较为闭塞，水流较为平缓，各层 ISM 和 CMISM 数值较低。不论是各层 ISM 还是 CMISM，其季节分布特征均为春低秋高。总的来说，洪泽湖及其大部分湖区月变化特征均符合二次多项式分布，拟合决定系数大多高于 0.44，表现出较强的年内分布月变化特征。

本书的出版得到了国家自然科学基金项目（42101384、41671340）、江苏省自然科学基金项目（BK20210043）、江苏省先进光学制造技术重点实验室开放基金项目（KJS2141）、南京水利科学研究院中央级公益性科研院所基本科研业务费专项资金项目（Y922003）和南京水利科学研究院专著基金的资助。

目录
CONTENTS

第 1 章
绪 论

1.1 选题背景及研究意义

以无机悬沙为主的悬浮物是影响洪泽湖等大型浑浊湖泊物质循环和生态系统功能的主要因素之一,其浓度和粒径显著影响内陆 II 类水体光学特性,对水体生物地球化学过程等有着重要的作用。无机悬浮物直接参与湖泊中的物质交换、沉积和再悬浮等过程(Baker et al., 1984;Huang et al., 2015;Li et al., 2017b),同时,其水平输移,以及垂向的絮凝、沉降和再悬浮、淤积等对航道、底栖生物生存、湖岸形态等都具有深远的影响(Curran et al., 2002;Hill et al., 2000;Saulquin et al., 2015;Winterwerp et al., 2006)。对悬浮物浓度、粒径及其光学特性的研究,不仅能够揭示水体中颗粒态物质的存在状态(Bowers et al., 2007;Woźniak et al., 2010),而且可以指示水动力以及再悬浮的作用过程和强度(Ahn,2012;Agrawal et al.,2000)。此外,水下不同水层悬浮物浓度和粒径大小的不同,也将直接导致各个水层中颗粒物成分、形态特征和沉降速度等产生差异,对水下垂向光场如真光层深度、透明度以及表观和固有光学量等有显著的影响(Eisma et al., 1990;Deng et al., 2017),进而对离水辐亮度和遥感信号产生影响(Kutser et al., 2008;Sevadjian et al., 2015;Nouchi et al., 2018)。然而,对悬浮物等水质参数和光学特性在水体中垂向分布的数据采集主要通过分层采样实现,难以全面掌握整个区域面状水域时空分布情况(沈琳璐等,2019;苏文等,2016;高小孟等,2017)。有学者尝试对悬浮物浓度的遥感反演以及粒径与悬浮物光学特性响应关系进行研究,拓展了遥感估算不同类型水体悬浮物浓度的领域(Cao et al., 2017;Feng et al., 2012a;Zheng et al., 2015)。但是,研究成果主要集中于水体表层,把水柱看成是垂向均匀的水体,忽略了水体不同深度悬浮物浓度及结构变化对表面光学特性的影响,导致对水体中悬浮物浓度遥感估算的不确定性增加(Xi et al., 2010;余自强,2019;刘瑶等,2018)。事实上,2016—2018 年三次洪泽湖实验垂向原位观测实验发现,水柱中悬浮物浓度、粒径和光学参数等随着深度的增加呈现差异化的变化状态,并不总是具有垂向均一性。显然,垂向均一性的假设在洪泽湖并不完全成立。所以,不同水体深度无机悬浮物浓度分布对表面遥感信息的影响如何?如何遥感反演整个水柱中无机悬浮物浓度的三维分布?这些问题都有待于新的研究和探索。

因此,本书分析无机悬浮物浓度垂向变化对水体光学分层特性的影响,探索不同深度水体散射、后向散射等光学参数对悬浮物浓度的响应机理,揭示不同深度无机悬浮物浓度垂向结构对表面遥感反射率的影响机制,构建无机悬浮物垂向分布遥感估算模型,利用水面遥感信息推算水体不同深度悬浮颗粒浓度及垂向结构,突破以往研究停留于水体表层参数反演的局限,具有极强的现实意义。

1.2 国内外研究进展

1.2.1 遥感监测悬浮物浓度的国内外研究进展

内陆水体悬浮物浓度在时间和空间尺度上往往具有较大的差异性,难以用传统的采样和实验室分析的方法来全面掌握其时空分布特征。1978 年第一代水色卫星传感器 CZCS(Coastal Zone Color Scanner,1978~1986)的成功在轨运行,标志着遥感成为监测海洋等水体环境的重要方式(Lee et al.,2007)。基于悬浮物浓度增大导致水面反射率升高的原理,国内外学者利用遥感技术提取悬浮物浓度通常有两类方法,即经验方法和半分析方法(Lei et al.,2020a)。

经验方法是将表观光学量与实测悬浮物浓度建立联系。如在较为清澈的水体中,悬浮物浓度的遥感反演常用绿光或者红光的单波段方法(Feng et al.,2012b;Kutser et al.,2007);在较为浑浊的水体中,往往用近红外波段,如 OLI(陆地成像仪)传感器的 852 nm(Zheng et al.,2016);而在极度浑浊的水体中,往往用到短波红外波段,如 OLCI 传感器的 1 020 nm 或者 MODIS(中分辨率成像光谱仪)和 VIIRS(可见光红外成像辐射仪)传感器更长的 1 240 nm,但这些短波红外波段的信噪比往往比较低(Knaeps et al.,2015)。波段比值方法常用的有红绿波段比值(Tian et al.,2014;Hou et al.,2017)、近红外与红或者绿波段的比值(Chen et al.,2009;Doxaran et al.,2014)等,可以准确反演悬浮物浓度范围较大、光学特性差异较大的水体。波段组合指数方法则较好地考虑了高浓度的悬浮物对水面遥感反射率的综合影响。如在杭州湾,Liu et al.(2018)利用地球静止海洋水色成像仪(GOCI)传感器 490 nm、555 nm 和 745 nm 的组合构建了光谱吸收指数(Spectral Absorption Index,SAI);在鄱阳湖和太湖,基于 820 nm 处遥感反射率峰随着悬浮物浓度的增加而增加的原理,Li et al.(2019)

利用天宫二号宽波段成像仪750 nm、820 nm 和 980 nm 波段构建了近红外悬浮物指数模型（NIR-Infrared Bands Suspended Sediment Index，NISSI）；另外 GOCI 传感器两个近红外波段（745 nm 和 865 nm）相加的二次多项式拟合对太湖悬浮物浓度反演也取得了较好的效果（Xu et al.，2019）。水面反射率不仅受到悬浮物散射的影响，也受到其他水体光学活性物质如浮游藻类色素颗粒物吸收、散射系数等光学特性的影响，这导致经验算法具有很大的区域局限性（Chen et al.，2014）。为了解决这一问题，越来越多的学者尝试利用悬浮物的半分析算法来提高模型的适用性。

半分析方法是将水体固有光学量与悬浮物浓度建立关系。由于悬浮物浓度对悬浮物吸收系数 $a_p(\lambda)$、散射系数 $b_p(\lambda)$ 和后向散射系数 $b_{bp}(\lambda)$ 等固有光学量有显著的影响，因此可以利用水体辐射传输模型等半分析方法从表观光学量中推算出固有光学量信息，构建悬浮物浓度的遥感反演方法。如很多学者利用半分析方法解算出绿光或者红光波段的后向散射系数，进而利用这些波段处悬浮物后向散射系数与悬浮物浓度相关性强的特征，分别应用于较为清洁的水库水体（0～2 mg/L）（Alcantara et al.，2016）和中等浊度的湖泊水体（0～30 mg/L）（Binding et al.，2005）。Bernardo et al.（2019）利用优化后的 QAA（Quasi-Analytical Algorithm）（Lee et al.，2002；Lee et al.，2013）方法，推算出 OLI 传感器 655 nm 处的漫衰减系数 $K_d(655)$，进而利用总悬浮物浓度与 $K_d(655)$ 的强相关关系，推导出巴西铁特（Tietê）河水库的悬浮物浓度。在潮汐水动力作用强烈的潟湖地区，Volpe et al.（2011）通过简化的辐射传输方程，认为悬浮物浓度和 443 nm 处的非色素颗粒物吸收系数、650 nm 处的非色素颗粒物散射系数密切相关，可利用这些关系反演威尼斯潟湖的悬浮物浓度。Shi et al.（2018）利用水体辐射传输模型估算出 745 nm、862 nm 处的颗粒物后向散射系数，建立基于 VIIRS 和 GOCI 数据的悬浮物浓度反演模型，应用于浑浊水体太湖（0～300 mg/L）。Zhang et al.（2018）也利用辐射传输模型，并结合波段优化的方法，解算出 550 nm 处的颗粒物吸收系数和 750 nm 处的后向散射系数，分别为两者赋予权重，推算出太湖和杭州湾的悬浮物浓度（0～700 mg/L），取得了较为满意的效果。由于水体中颗粒物光束衰减系数 $c_p(\lambda)$ 是颗粒物吸收系数 $a_p(\lambda)$ 和散射系数 $b_p(\lambda)$ 之和，因此 $c_p(\lambda)$ 也广泛应用于悬浮物浓度的估算中。如在美国玛莎葡萄园岛（Martha's Vineyard）附近海域，$c_p(670)$ 与悬浮物浓度表现出斜率为 0.22 的线性关系（Hill et al.，2011）；在北海南部海域 $c_p(660)$ 和 $c_p(670)$ 与悬浮物浓度之间的决定系数分别为 0.94 和 0.95（Neukermans et al.，2012）；同样，在渤海和黄海，Sun et al.（2017）也观测到实测悬浮物浓度与 $c_p(640)$ 有较强的相关性，决定系数为 0.93。并且，不同深度的悬浮物浓度可以用 $c_p(640)$ 来表示

（Wang et al.，2016）。这些研究表明基于光学设备获取的固有光学量可以应用于不同深度水体的悬浮物浓度的垂向分布研究。

1.2.2 悬浮物粒径和浓度对水体光学特性影响的国内外研究进展

由辐射传输方程可知遥感反射率和水体吸收、散射等固有光学量之间存在定量关系，因此对水体固有光学特性的研究是理解悬浮物粒径及其光学特性的前提（Organelli et al.，2018）。固有光学量能够直接反映水体物质的物理化学特性，水体中物质组分的变化会影响水体生物光学属性（马荣华等，2009）。因而从遥感反射率推算出固有光学量，进而了解水体中各物质的组成，特别是悬浮物浓度和粒径大小，对理解水动力过程和生物地球化学过程具有很好的指导作用（Lei et al.，2019a；沈芳等，2009）。后向散射是重要的固有光学量，显著影响离水辐亮度的变化，同时可以影响辐射传输模型算法中对悬浮物浓度和粒径等信息遥感反演的精度和适用性（Grunert et al.，2019）。因此深入理解水体中悬浮物的后向散射特性，是进行水体中悬浮物浓度定量遥感的前提和基础（Shi et al.，2019；Wang et al.，2019；Moore et al.，2017）。

散射系数和后向散射系数由颗粒物的粒径及折射率决定，后向散射斜率和单位后向散射系数等可用于估算颗粒物的中值粒径等粒径分布信息（Stramski et al.，2004）。米氏散射理论（Mie，1908）表明颗粒物粒径与后向散射特性的关系十分密切（Bowers et al.，2009）。该理论针对均质球形颗粒，运用麦克斯韦电磁波方程组，在适当边界条件下，求得该粒子体散射分布的精确解，给出了粒径、折射指数和粒径分布函数与后向散射系数之间的定量函数关系（Forget et al.，1999；孙德勇等，2007；孙德勇等，2008）。由于后向散射系数与颗粒粒径有着较好的关系，杨曦光等（2015）结合米氏散射理论建立了悬浮物平均粒径反演模型，结果表明，悬浮物后向散射系数与其平均粒径的三次方线性关系明显，412 nm、443 nm、555 nm、667 nm 拟合方程决定系数均在 0.93 以上，拟合误差最小值为 16.63%（412 nm），最大值为 20.31%（667 nm）。Kostadinov et al.（2009）结合米氏散射理论，利用查找表的方法，对全球海洋的悬浮物粒径分布特征进行了讨论。Shi et al.（2019）利用该查找表近似关系式，反演了全球五大高浑浊河口地区悬浮物粒径谱斜率，发现大部分河口的粒径谱斜率季节分布模式与季风和降雨有关。刘王兵（2013）利用实验室分析获取颗粒物数量百分比和质量百分比数据，通过 Junge（1963）和 2C 模型（Risović，2002）分别对实测粒子数量分布情况进行粒径谱参数拟合并对该粒径参数进行遥感反演。拟合结果显示，在半径为 0.55～0.63 μm 粒径段内，Junge 模型拟合值高于实际值，相对误差高达 50.00%～178.96%，而 2C 模型的相对误差为 4.22%～9.59%，所以利用 2C 模型反推得出的小粒径端的粒子数量数据,可用于水体固有光学性质米氏散射的研究。基于此,刘王兵（2013）又将粒径拟合参数和环境卫星 CCD 波段等效实测遥感反射率进行相关性分析,结果显示,Junge 模型的参数 J 和 2C 模型的参数 a 与环境星 CCD 相机第 4、第 3 波段等效遥感反射率比值相关性较好。在黄海和渤海,Sun et al.（2016）利用生物光学模型从 MODIS 影像上反演悬浮物后向散射系数,并利用单位后向散射系数与中值粒径的强相关关系来解算粒径信息,发现近岸高无机悬浮物区域的中值粒径反演结果与实测数据吻合较好。相关研究可以为深入开展水陆相互作用、水生态系统演变和湖泊参与全球碳循环等研究提供重要数据支持。

1.2.3　针对水体组分垂向分布的国内外研究进展

以上讨论多基于水体垂向均一的假设,而水体中水色要素和水下光场分布往往具有垂向非均一性。Xi et al.（2010）研究了海水固有光学量和表观光学量的关系,认为水体组分在海洋上界面一定深度内不总是垂向均匀分布的,而垂向均匀分布的假设会导致基于表层水体光学活性物质的遥感估算的不确定性增加。如 Chla 在大洋次表层有一个显著的高斯峰,这会对水柱中的固有光学特性产生显著的影响（Uitz et al.，2006）。因此,Charantonis et al.（2015）利用自组织拓扑映射方法提供了隐马尔可夫模型的状态,并基于表层 Chla,推算出整个垂向状态的 Chla 剖面,并将此方法成功运用于大西洋百慕大地区。在内陆湖泊,Xue et al.（2015）研究了巢湖 Chla 四个垂向分布类别,即垂向均匀、高斯、指数和双曲线分布,开发并验证了分类回归树（CART）方法,以确定垂向 Chla 类别。Li et al.（2017a）基于实测 5 种 Chla 垂向分布模式,利用基线归一化差值藻华指数,结合水文和水深信息,通过遥感方法估算了 2003—2013 年巢湖水体柱总生物量的变化趋势。

以上方法虽然认为水色要素的垂向信息可以反映在水体表层信息上,但是对水下固有光学量的垂向研究变化并不深入。深入理解水柱中固有光学量的垂向变化对水面遥感反射率的影响,是准确利用水面遥感信号推测水下水色因素的必要前提。因此,Haltrin（1998）基于光学闭合原理研究了浑浊水体任意深度的辐射传输问题,对由悬浮物浓度垂向非均一性所导致的水体反射光谱形状特征的变化进行分析,构建了吸收系数和散射系数的方程组。Qiu et al.（2016）利用 LISST-100X（Type C：2.5～500 μm）实测数据,研究了渤海和黄海悬浮物粒径谱特征的水平和垂向变异,发现粒径谱的体积浓度 $V(D)$、数量浓度 $N(D)$ 均与颗粒物衰减系数 $c_p(660)$ 有一定的正相关关系,同时,垂向变异显著,呈现出水深越大,粒径谱斜率越小、粒径越大的趋势。但是在渤海、北黄海和南黄海粒径谱斜率垂向分布的细节特征各不相同。Nanu et al.（1993）研究了不同悬浮物浓度、Chla 和 CDOM 垂向分布形式对遥感反射率的影响，认为水色垂向分布对遥感反射率的影响是难以忽略的。比如，曹文熙（2000）认为遥感反射率受 Chla 垂向结构影响较为敏感的区域为 400～600 nm。黄昌春等（2012b）基于辐射传输模型模拟得到太湖悬浮物在不同垂向分布条件下的遥感反射率数据集，发现在悬浮物垂向分布不均一的影响下，波段比值模型高估的悬浮物浓度要大于单波段模型；之后又深入结合水动力模型，分析了悬浮物等垂向分布对水面遥感反射率的影响，认为悬浮物垂向分布对 500～650 nm 范围内的遥感反射率影响较大（黄昌春等，2012a）。Huang et al.（2018）利用辐射传输模型，研究了在 4 种典型垂向不均一的悬浮物浓度变化的条件下，水体遥感反射率的敏感性，发现随着水深的增加，遥感反射率变化最大的波段，从 550～700 nm 向 700～900 nm 转变。Doron et al.（2007）认为，太阳光能在水下被不同层水体及其组分的吸收作用，显著影响着水下垂向光场的分布，而水下光场的垂向分布反过来又影响水生生物的空间分布，进一步影响水中的初级生产力，因此构建了一套基于水面辐照度推算水下漫衰减系数 $K_d(490)$ 和衰减系数 $c(490)$ 的分析模型，其中散射系数与后向散射的关系是经验模型。

1.2.4　小结

在悬浮物浓度的反演方面，以上研究均以遥感反射率为起点，或直接与悬浮物浓度做经验拟合，或通过后向散射系数、散射系数或者吸收系数等固有光学量构建半分析模型，他们都注意到，准确选取对悬浮物浓度影响显著的特征波段，并进一步准确评估水体固有光学量与悬浮物浓度的关系，对提高悬浮物浓度的遥感反演精度具有重要意义。但是以上讨论多基于水体垂向均一的假设，而针对水体垂向不均一性研究较少。

在针对悬浮物粒径和光学特性的研究中，由辐射传输方程可知，遥感反射率和水体吸收、散射等固有光学量之间存在定量关系，而悬浮物的粒径往往和悬浮物的后向散射系数等固有光学量密切相关。因此，对水体悬浮颗粒物粒径分布的研究是理解水体固有光学特性的前提。然而以上研究多基于大洋等Ⅰ类水体，关于内陆水体悬浮物粒径及其光学特性响应关系的研究较少。

针对水体及其组分垂向分布的多数研究认为，不同水层物质和水下光场差异明显，且不总是具有垂向均一性。水色参数垂向分布对表面遥感信息存在不可忽视的影响，可通过水下不同水层光学特性对水面遥感反射率变化的模拟运算进行深入研究，为本书的研究提供了可借鉴的思路。

1.3 研究目标与研究内容

1.3.1 研究目标

以洪泽湖为研究区域,通过对不同深度水体光学特性的研究,分析无机悬浮物浓度、垂向结构变化对其光学分层特性的影响,探索水体散射、后向散射光学特性对无机悬浮颗粒物粒径分布的响应机理,揭示不同无机悬浮物浓度垂向结构对表面遥感反射率的影响机制,构建无机悬浮物垂向分布遥感估算模型,利用水面遥感信息推算水体不同深度悬浮颗粒物浓度。

1.3.2 研究内容

(1)无机悬浮物粒径分布对遥感反射率的影响机制研究

通过野外数据和室内测量数据,研究散射、后向散射等光学属性与无机悬浮颗粒物粒径属性的响应关系。基于水体辐射传输模型,揭示水体中无机悬浮物粒径参数、后向散射特性对水面遥感反射率的影响特征。

(2)无机悬浮物浓度水平-垂向结构对遥感反射率的影响机制研究

通过实验同步获取无机悬浮物浓度、粒径以及不同深度的水体吸收系数、散射系数、漫衰减系数和水面遥感反射率,根据水体辐射传输理论,模拟计算不同无机悬浮物浓度垂向分布的水体辐射传输过程,揭示无机悬浮物水平-垂向结构对水面遥感反射率的影响机理。

(3)无机悬浮物浓度垂向分布遥感估算模型构建

融合无机悬浮物浓度垂向分布模型,率定不同水层吸收系数、散射系数、后向散射系数的参数化模型,建立无机悬浮物垂向分布-水下光场参数-水面遥感反射率多维拟合查找表,构建无机悬浮物浓度垂向分布遥感估算模型。

1.3.3 关键问题

(1)分层水体辐射传输的垂向拟合

无机悬浮物浓度及其粒径垂向分布的非均一性导致不同深度水体固有光学特性及光场分布发生变化。通过水体辐射传输模拟,准确拟合水体吸收、散射和后向散射等光场参数的垂向变化,研究无机悬浮物垂向结构对水体光学分层特性的影响,以及水面遥感反射率对无机悬浮物浓度垂向变化的响应机理,是本书要解决的关键科学问题。

（2）基于查找表的光谱匹配算法优化

利用实测的验证数据，对查找表遥感反射率光谱匹配结果进行精度验证，提出其匹配结果的相似度分布；针对查找表体量较大导致匹配效率较低的问题，探究逐步降维优化匹配方法的适用性。如何在保证查找表遥感反射率光谱匹配精度的情况下不断优化匹配效率，是本书要解决的关键问题。

1.4　技术路线

以洪泽湖为实验区，通过野外原位观测实验，获取悬浮物浓度及其粒径等垂向结构信息，同时获取水体吸收系数、后向散射系数等光学特性参数信息；利用实验观测结果，无机悬浮物垂向分布模型、吸收系数模型、散射系数模型、水体辐射传输拟合模型，率定模型参数，构建研究区域的适宜模型，进而建立无机悬浮物垂向分布-水下光场参数-水面遥感反射率多维多层拟合查找表和无机悬浮物垂向分布遥感反演模型；基于 OLCI 数据，结合内陆水体大气校正方法，估算无机悬浮物垂向浓度。本书的技术路线如图 1.1 所示。

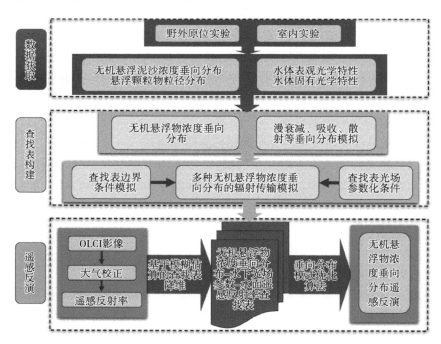

图 1.1　技术路线

第 2 章
研究区数据获取与实验室测量分析

2.1 研究区概况

本书选取以无机悬浮泥沙为主的典型内陆浑浊水体洪泽湖为研究区（图 2.1）。洪泽湖地处江苏省西北部的淮河中游，为我国第四大淡水湖泊。洪泽湖在平均水面高程为 12.5 m 时，平均水深为 1.9 m，水域面积为 1 597 km²，容积为 30.4 亿 m³，是一个典型的浅水湖泊，也是淮河流域最大的平原型湖泊水库。2016 年南水北调东线工程建成以后，水深有所增加。近年来受非法采砂等人类活动和淮河周围环境污染的影响，洪泽湖水质退化严重，并伴随着越来越严重的湖面萎缩和湿地锐减等环境问题（Duan et al.，2019；Guo et al.，2020）。

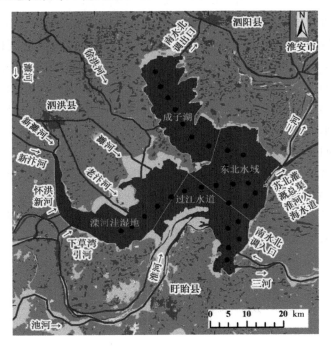

图 2.1　研究区示意图

洪泽湖属于典型的过水型湖泊,承接淮河上、中游水系来水,流域面积占淮河流域(含淮河水系和沂沭泗水系)的 83.6%,是淮河中游与下游河道的联结点,也是南水北调东线工程具有重要蓄洪调洪作用的筑坝型水体。洪泽湖入湖水量主要由安徽入境,入湖河流和多年平均入湖水量比例分别为:淮河 78.4%,下草湾引河 5.3%,怀洪新河 2.8%,池河 1.5%,新汴河 0.9%,新老濉河 2.3%,江苏的徐洪河(2.9%),剩余区间(5.9%)(Lei et al.,2020a;王国祥等,2014)。为了综合描述洪泽湖无机悬浮物浓度的时空异质性,根据洪泽湖的形状和水动力特征,本书把洪泽湖分为成子湖(CZL)、溧河洼湿地(WL)、过江水道(RC)和剩余的东北水域(NE)(Lei et al.,2020b)。这四部分水域划分如图 2.1 所示。

2.2 野外实验设计

本实验小组在 2016—2018 年共进行了三次野外实验,获得了洪泽湖在不同季节的水体光学性质和水色要素的组成情况。为保证数据质量,当日数据采集的时间为上午 9 时到下午 4 时。每到一个采样点,先抛锚,待船停稳后,在无船体阴影、无水面漂浮物和泡沫等的水域测量水面遥感反射率,接着在该样点利用图 2.2 所示的垂向采样器获取水下垂向剖面水样。

本书的研究通过此垂向采样器获取垂向水样的步骤如下:首先将垂向采样器的支撑杆垂向水面置于水下,控制支撑杆的零刻度线与水面平齐。然后分别调节支撑杆内部配置的获取不同深度水体的管道系统为零刻度以下 0.1 m、0.7 m 和 1.5 m,以获得表层、中层和底层的水样。虽然在实地采样时水面大多是比较平静的,但是有的样点也在一定程度上受到微小波浪以及较小的人为测量误差等的影响。因此本研究认为该垂向采样器采集的表层、中层和底层的水样可以代表水下约 0~0.2 m、0.6~0.8 m 和 1.4~1.6 m 水层的一般情况。水样于当日带回实验室进行分析实验。

在采集水样的同时,在旁边与这三层水样对应的深度分别同步测量后向散射系数、光束衰减系数和粒径谱参数等指标;在相同位置水下每隔 0.2 m 利用水下光谱仪测量水体下行辐照度,以进一步获得漫衰减系数。针对每种具体的室外水质参数采集情况详见章节 2.3.2。

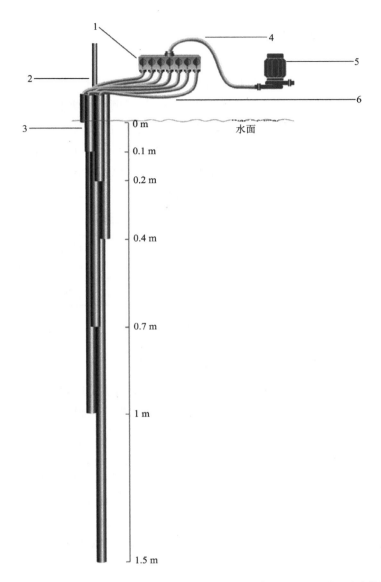

1—抽取不同深度水样的控制阀门系统   2—支撑杆   3—支撑杆内部配置的获取不同深度水体的管道系统
4—连接电泵和控制阀门系统的水管   5—电泵和出水口   6—连接阀门系统和支撑杆内部管道系统的水管

图 2.2   垂向采样器示意图

2.3 实验数据获取

获取的实验室测量参数包括叶绿素 a 浓度、总悬浮物浓度、无机悬浮物浓度、有机悬浮物浓度，以及总颗粒物吸收系数、色素颗粒物吸收系数和非色素颗粒物吸收系数。野外实测数据包括水面遥感反射率、漫衰减系数、后向散射系数和粒径谱参数等。野外原位实验同时利用手持 GPS 获取实测点位的经纬度信息，利用赛克盘测量水下透明度数据。三次野外原位实验采样数量及采样时间如表 2.1 所示。

表 2.1 研究区采样点数量及采样时间

区域	样点数量	采样时间
	25	2016 年 12 月 6—8 日
洪泽湖	34	2017 年 5 月 18—21 日
	19	2018 年 9 月 8—9 日

2.3.1 实验室测量参数

（1）叶绿素 a 浓度测量

叶绿素 a 浓度测量采用的是室内分析试验广泛采用的热乙醇法。首先使用 47 mm 的 GF/F 滤膜过滤水样，将保留有过滤颗粒物的滤膜放进棕色小瓶中，并置于冰箱内冷冻不低于 48 小时，温度设置为－20℃左右。将浓度为 90% 的乙醇预热至 80～85℃，每个棕色小瓶倒入热乙醇 20 mL，水浴 2 分钟，避光萃取 4～6 小时。先用浓度为 90% 的乙醇做基线，用 25 mm 的 GF/F 膜滤出滤液，再用滤液润洗比色皿，放入分光光度计与 90% 乙醇做对比，测量在 665 nm 和 750 nm 处的吸光度（E665 和 E750）。测量完成后取出比色皿，加入一滴稀盐酸酸化 1 分钟，再次测量 665 nm 和 750 nm 处的吸光度（A665 和 A750）。叶绿素 a 浓度由式 2.1 计算得到：

$$Chla = 27.9 \times \left[(E665 - E750) - (A665 - A750) \right] \times \frac{V_{乙醇}}{V_{水样}} \quad (2.1)$$

式中，$Chla$ 为叶绿素 a 浓度，$V_{乙醇}$ 为乙醇体积，$V_{水样}$ 为过滤水样体积。

（2）悬浮物浓度测量

总悬浮物浓度（TSM）测定使用称重法。第一步，为了去除空白滤膜上的有机质，利用马弗炉在高温（450℃）下煅烧直径为 47 mm、孔径为 0.7 μm 的 GF/F 空白滤膜 4～6 小时。第二步，待冷却后，称量空白滤膜重量，记为 m_1。第三步，过滤适当的水样,约 $100 \sim 400$ mL,视浑浊情况而定,记录过滤水样体积 V。第四步,把滤膜放进烘箱中设置 110℃烘干后称重,记录质量 m_2,两次称重结果相减即可得到总悬浮物的质量。第五步,再次利用马弗炉在高温(450℃)下煅烧滤膜去除有机悬浮物和水分,记录质量 m_3。利用上述称重法即可得到无机悬浮物浓度(ISM)。有机悬浮物浓度(OSM)即总悬浮物浓度减去无机悬浮物浓度。具体公式如下:

$$TSM = \frac{m_2 - m_1}{V} \tag{2.2}$$

$$ISM = \frac{m_3 - m_1}{V} \tag{2.3}$$

$$OSM = TSM - ISM \tag{2.4}$$

（3）总悬浮物吸收系数

水体悬浮物的吸收系数采用定量滤膜技术（QFT）测定。首先使用直径25 mm 的 GF/F 滤膜过滤适当的水样,约 $100 \sim 400$ mL,视浑浊情况而定,记录过滤水样体积 v,再使用岛津 UV3600 紫外分光光度计测定过滤后滤膜上总颗粒物反射率、透射率,进而得到其吸光度,并需要与相同湿润度的空白膜做对比,以 750 nm 处吸光度为零点进行校正。总悬浮物的吸收系数 $a_p(\lambda)$ 通过下式计算得到:

$$a_p(\lambda) = 2.303 \frac{s}{v} OD_s(\lambda) \tag{2.5}$$

式中, $OD_s(\lambda)$ 为校正后的总悬浮物吸光度, v 为被过滤水样的体积, s 为滤膜上总悬浮物的有效面积。

（4）非色素颗粒物吸收系数

利用浓度为 1% 的 NaClO 溶液漂白有色物质三次,最后一次漂洗 30 分钟,直到滤膜上的色素物质全部漂白掉之后,则滤膜上残留物质为非色素颗粒物,非色素颗粒物的吸收系数 $a_{nap}(\lambda)$ 的测定方法与总悬浮物吸收系数测量步骤相同。

（5）色素颗粒物吸收系数

色素颗粒物吸收系数则为总悬浮物吸收系数减去非色素颗粒物吸收系数:

$$a_{ph}(\lambda) = a_p(\lambda) - a_{nap}(\lambda) \tag{2.6}$$

（6）有色可溶有机物吸收系数

首先使用直径 47 mm 的 GF/F 滤膜过滤一定体积的水样留取滤液,再使用孔径 0.22 μm 的 millipore 滤膜过滤上述滤液,即可以获得有色可溶有机物的水样。然后将有色可溶有机物的水样放入比色皿中,利用岛津 UV3600 紫外分光光度计(测量范围为 240~800 nm)测量 CDOM 的吸光度,通过式 2.7 计算得到各个波长处的吸收系数,再利用式 2.8 对计算的结果进行散射校正。

$$a_{\text{CDOM}}(\lambda)' = \frac{2.303D(\lambda)}{r} \tag{2.7}$$

$$a_{\text{CDOM}}(\lambda) = a_{\text{CDOM}}(\lambda)' - a_{\text{CDOM}}(750)' \times \frac{\lambda}{750} \tag{2.8}$$

式中,$D(\lambda)$ 为吸光度;r 为光程路径,单位为 m;$a_{\text{CDOM}}(\lambda)$ 为波长 λ 处的吸收系数,单位为 m^{-1}。

2.3.2 野外原位实验测量数据

(1)遥感反射率

遥感反射率的原位测量采用的是水上测量法(Mueller et al.,2003),观测仪器采用的是美国 ASD 公司生产的便携式光谱辐射计(ASD FieldSpec Pro)。该仪器的光谱分辨率为 2 nm,波段范围为 350~1 050 nm。每次测量之前要进行暗电流矫正。在实地测量的时候,仪器要在船头无阴影处伸出去船体至少一米,以避免船体阴影和船本身杂散光对输入信号的影响。每次测量十条辐射亮度光谱然后剔除异常值后求取平均值。

仪器的测量步骤如下。

首先,如图 2.3 所示,为了避开太阳直射、反射和船舶阴影对光场的破坏,实验测量员需要背对着太阳,仪器观测平面与太阳入射平面的夹角 Φ 在 90°~135°之间,仪器与目标法线方向的夹角 θ 控制在 30°~45°,利用这个角度依次进行以下操作:

(a)白板积分时间优化;

(b)测量第一次标准灰板辐射亮度值 L_{p1};

(c)测量水体的总辐射亮度值 L_{sw};

(d)将仪器保持与太阳的入射平面不变的方位角,向上旋转约 90°,测量无云天空漫散射辐射亮度值 L_{sky};

(e)最后第二次测量标准灰板的辐射亮度值 L_{p2}。

遥感反射率的计算过程如下:

首先为了避免测量过程中光场变化引起的误差,将前后两次测量的标准灰板的辐射亮度值取平均,得到平均后的标准灰板的辐亮度 L_p:

$$L_p = \frac{L_{\text{p1}} + L_{\text{p2}}}{2} \tag{2.9}$$

然后利用以下公式,计算水面遥感反射率 R_{rs}:

$$R_{rs} = \frac{L_{sw} - r L_{sky}}{L_p \times \dfrac{\pi}{\rho_p}} \tag{2.10}$$

式中,分子项为离水辐亮度,分母项为水面总入射辐照度,r 为水体分层界面对天空光的反射率,其值与太阳位置、观测几何、风速风向或水面粗糙度等因素相关。实地考察中,在上述观测几何条件下,水面平静,风速小于 5 m/s,r 取值 0.022,ρ_p 为已知的标准灰板的反射率。

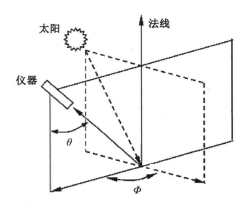

图 2.3　仪器的观测几何

（2）漫衰减系数

漫衰减系数 $K_d(\lambda)$ 是用德国 TriOS 公司（TriOS Mess-und Datentechnik GmbH）生产的水下光谱仪测量的,该仪器的光谱测量范围为 320～950 nm,光谱分辨率为 3.3 nm。将水下光谱仪逐渐放入水下,测量水下每隔 0.2 m 深度的下行辐照度 $E_d(\lambda, z)$。野外原位实验中,在船向阳的一侧采集数据,测量时,用撑杆将仪器伸出船沿外 1.5 m 左右,避免船体阴影造成的影响。太阳光在光学性质均一的水体中传播时遵循指数规律衰减:

$$K_d(\lambda) = -\frac{1}{z} \ln \frac{E_d(\lambda, z)}{E_d(\lambda, 0^-)} \tag{2.11}$$

式中,$K_d(\lambda)$ 为波长 λ 处的漫衰减系数,z 为从参考水层到测量位置的深度,$E_d(\lambda, z)$ 为深度 z 处的下行辐照度,$E_d(\lambda, 0^-)$ 为参考水层深度处的下行辐照度。由于 0 m 处的测量值受到环境的影响较大,因此本次研究选择 0.2 m 作为参考水层。通过对 0.2 m、0.4 m、0.6 m、0.8 m 和 1 m 等水下不同深度处的辐照度进行指数回归,求出 $K_d(\lambda)$,只有当深度数大于 3 且 $R^2 \geqslant 0.97$ 时,回归方程所得的解才被认为是有效值,否则将视为无效值。

（3）后向散射系数

颗粒物后向散射系数是用美国 Hobilabs 公司的 HS‐6P 后向散射仪测量的。HS‐6P 后向散射仪拥有 6 个独立的通道，分别为 442 nm、488 nm、532 nm、590 nm、676 nm 和 852 nm。仪器光源在水中发射光束，接收探头则接收光束在水中产生的散射光。每次测量之前进行定标。仪器首先测量的是后向约 140°的散射，经过转换后可以得到总颗粒物后向散射（Maffione and Dana，1997）。由仪器光路长度引起的衰减效应可由仪器本身的 sigma 矫正完成。

（4）粒径谱参数

水体悬浮物粒径谱用不同粒径区间的体积浓度或者数量浓度来表示，可以体现颗粒物的尺寸大小特征。粒径谱参数被广泛地应用于海洋和湖泊水生态系统结构和功能的评价中。

原位实验中使用 B 型 LISST‐100X 激光粒度仪测量粒径谱的 32 个对数分布粒径区间，如表 2.2 所示，总的粒径测量范围为 $1.25 \sim 250\ \mu m$。每次野外实验测量以前，都需要用纯水测量背景值，用于原位实验测量时背景值的输入，以消除仪器本身引起的系统测量误差。

LISST‐100X 激光粒度仪利用一个位于红光 670 nm 波段的二极管激光发射器和一个硅质探测器，对悬浮颗粒 32 个特定小角度范围进行前向散射能量测量。然后进一步将这 32 个环上的散射能量值转换得到 32 个对应的体积浓度等信息。通过后期数据处理，可以获取悬浮物体积浓度、大小、表观密度、粒径谱斜率等参数。具体获取步骤如下。

首先，将 LISST‐100X 激光粒度仪水平放置于水面以下，测量 32 个粒径区间 D 的体积浓度 $V(D)(\mu L/L)$。$V(D_t)$ 为 32 个粒径区间体积浓度 $V(D_i)$ 之和，i 属于[1,32]。

本书所使用的 1/4 分位数粒径 $D_v{}^{25}$、中值粒径 $D_v{}^{50}$、3/4 分位数粒径 $D_v{}^{75}$ 分别是累积体积浓度达到 25%、50%、75% 时所对应的粒径值区间的中心值。基于球形粒子的假设，每一个粒径区间 i 的截面积浓度 $[AC]_i$ 可以由体积浓度通过以下公式转换得到：

$$[AC]_i = \frac{3}{2\,D_i}V(D_i) \tag{2.12}$$

表 2.2　对数分布的 32 个粒径区间下限（Lower）、上限（Upper）、中值（Median）和区间值（ΔD）

D_i(#)	Lower (μm)	Upper (μm)	Median (μm)	ΔD (μm)
1	1.25	1.48	1.36	0.23
2	1.48	1.74	1.6	0.26

D_i（#）	Lower（μm）	Upper（μm）	Median（μm）	ΔD（μm）
3	1.74	2.05	1.89	0.31
4	2.05	2.42	2.23	0.37
5	2.42	2.86	2.63	0.44
6	2.86	3.38	3.11	0.52
7	3.38	3.98	3.67	0.6
8	3.98	4.7	4.33	0.72
9	4.7	5.55	5.11	0.85
10	5.55	6.55	6.03	1
11	6.55	7.72	7.11	1.17
12	7.72	9.12	8.39	1.4
13	9.12	10.8	9.9	1.68
14	10.8	12.7	11.7	1.9
15	12.7	15	13.8	2.3
16	15	17.7	16.3	2.7
17	17.7	20.9	19.2	3.2
18	20.9	24.6	22.7	3.7
19	24.6	29.1	26.7	4.5
20	29.1	34.3	31.6	5.2
21	34.3	40.5	37.2	6.2
22	40.5	47.7	43.9	7.2
23	47.7	56.3	51.9	8.6
24	56.3	66.5	61.2	10.2
25	66.5	78.4	72.2	11.9
26	78.4	92.6	85.2	14.2
27	92.6	109	101	16.4
28	109	129	119	20
29	129	152	140	23
30	152	180	165	28
31	180	212	195	32
32	212	250	230	38

平均粒径 D_A 是 32 个粒径区间以截面积浓度 $[AC]_i$ 为权重计算出的平均颗粒物直径值：

$$D_A = \frac{\sum_{i=1}^{32} [AC]_i \times D_i}{[AC]_t} \tag{2.13}$$

式中，$[AC]_t$ 为 32 个粒径区间 $[AC]_i$ 之和，i 属于 $[1,32]$。而平均表观密度 ρ_A 定义为总悬浮物的质量浓度 TSM 与 32 个粒径区间体积浓度之和 $V(D_t)$ 的比值。这里需要注意一个潜在系统误差，在实测悬浮物质量浓度时，使用的是直径为 47 mm 的 GF/F 滤膜，有效孔径为 0.7 μm。

$$\rho_A = \frac{TSM}{V(D_t)} \tag{2.14}$$

SSA（Specific Surface Area）表示单位表面积，是指单位悬浮物所具有的总面积，定义为悬浮物总截面积浓度与质量浓度（也就是总体积浓度和平均密度的乘积）的比值。

$$SSA = \frac{[AC]_t}{V(D_t) \times \rho_A} \tag{2.15}$$

同样基于球形离子的假设，32 个粒径区间的数量浓度 $N(D)$（counts/m³）可以表示为：

$$N(D_i) = \frac{6V(D_i)}{\pi D_i^3} \tag{2.16}$$

同理，$N(D_t)$ 表示 32 个粒径区间数量浓度 $N(D_i)$ 的总和，i 属于 $[1,32]$。此时，用 $N'(D)$ 来表示粒径谱，其定义为，在粒径区间 ΔD 内单位体积悬浮物的平均颗粒物数量，也可以理解为在某个粒径区间 D_{min} 和 D_{max} 之间的数量浓度微分（Jonasz，1983；Xi et al.，2014），用幂函数（J 函数）对这 32 个粒径区间进行拟合。

$$N'(D) = \frac{N(D)}{\Delta D} \tag{2.17}$$

$$N'(D) = N'(D_0) \left(\frac{D}{D_0}\right)^{-\xi} \tag{2.18}$$

以上公式中，ΔD 是给定的 32 个子粒径区间的宽度。D_0 是参考粒径值，采用的是 32 个对数分布粒径区间的中间值，19.2 μm。$N'(D_0)$ 是参考粒径处的数量浓度的微分，无量纲的 ξ 就是粒径谱斜率。

（5）颗粒物光束衰减系数 $c_p(670)$

测量粒径谱参数的同时，LISST-100X 激光粒度仪也会同步获取 670 nm 处的颗粒物衰减系数 $c_p(670)$。

2.4　哨兵 3 影像获取和预处理

本书使用的哨兵 3 海洋和陆地水色成像仪（Ocean and Land Color Instrument，OLCI）遥感影像数据（Level0），空间分辨率为 300 m，覆盖 21 个光谱波段，幅宽达 1 270 km，详见表 2.3。数据在美国 NASA 海洋水色网站（https://oceancolor.gsfc.nasa.gov）下载得到。获取影像后首先对数据进行筛选，去除湖面含有较多云量、太阳耀光和几何观测角度较差等成像质量差的数据。接着利用 SeaDAS 7.5.3 对影像数据进行辐射定标和几何校正。大气校正采用的是 MUMM 算法。2017 年 5 月 18 日 10 时 06 分，2018 年 9 月 8 日 10 时 32 分和 9 日 10 时 05 分在洪泽湖进行现场实验时，有同步的 OLCI 数据获取，这些准同步的实测数据可用于影像大气矫正效果评价和遥感估算无机悬浮物三维浓度产品的精度验证。为了探究洪泽湖无机悬浮物的水平-垂向时空格局和月变化规律，本书一共选用了 2018 年 95 景高质量 OLCI 数据，如表 2.4 所示。

表 2.3　OLCI 各个波段的中心波长、波宽和信噪比

波段	波长（nm）	波宽（nm）	信噪比
Oa1	400	15	2 188
Oa2	412	10	2 061
Oa3	443	10	1 811
Oa4	490	10	1 541
Oa5	510	10	1 488
Oa6	560	10	1 280
Oa7	620	10	997
Oa8	665	10	883
Oa9	674	7.5	707
Oa10	681	7.5	745
Oa11	709	10	785
Oa12	754	7.5	605
Oa13	761	2.5	232

波段	波长(nm)	波宽(nm)	信噪比
Oa14	764	3.75	305
Oa15	768	2.5	330
Oa16	779	15	812
Oa17	865	20	666
Oa18	885	10	395
Oa19	900	10	308
Oa20	940	20	203
Oa21	1020	40	152

表 2.4　OLCI 数据获取时间统计表

月份	1 月	2 月	3 月	4 月	5 月	6 月	7 月	8 月	9 月	10 月	11 月	12 月
数量(个)	9	9	5	5	5	10	10	9	4	10	8	11

2.5　水文数据

本书所用的水文数据,如流量、来水量、洪泽湖蓄水量和淮河水系降水量来自淮河水利网(http://www.hrc.gov.cn)。其中,月均流量和来水量数据来源于淮河干流蚌埠(吴家渡)水文站。洪泽湖当月蓄水量为下月 1 号上午 08 时的数据。由于洪泽湖承接淮河上、中游 15.8 万平方千米流域面积的来水,占据淮河上游、中游、下游总面积(16.46 万平方千米)的 95.99%,因此以淮河水系降水量来代表洪泽湖流域的降水量。

2.6　评价方法

本书中用于精度验证的评判标准主要有平均绝对百分比误差 MAPE(Mean Absolute Percentage Error)和均方根误差 RMSE(Root Mean Square Error)。其计算公式分别为:

$$MAPE = \frac{1}{n}\sum_{i=1}^{n}\left|\frac{X_{\text{obs},i} - X_{\text{model},i}}{X_{obs,i}}\right| \times 100\% \qquad (2.19)$$

$$RMSE = \sqrt{\dfrac{\sum\limits_{i=1}^{n}(X_{\text{obs},i} - X_{\text{model},i})^2}{n}}$$

(2.20)

其中，$X_{\text{model},i}$ 为模型预测值，$X_{\text{obs},i}$ 为测量值，为模型预测值的均值，n 为样本数。在本书中选用相关性系数 R（也叫皮尔逊系数）来评价两个变量的相关程度。R 为正数表示正相关，R 为负数表示负相关。R^2 则表示两个变量之间的决定系数。

第 3 章
洪泽湖水体组分及其光学参数的垂向特征分析

3.1　叶绿素 a 和悬浮物浓度垂向特征分析

洪泽湖水柱中光学特性主要受到水色三要素,如叶绿素 a 浓度、悬浮物浓度和有色可溶有机物等的影响(时志强等,2012;Liu et al. ,2020;Xue et al. ,2019)。本书选取了 2016—2018 年三次野外实验共 78 个实测样点数据作为研究洪泽湖水体垂向光学特性的数据集。对不同水层的实测水体组分浓度统计后,具体信息如表 3.1 所示。其中,有色可溶有机物的吸收系数将在分析固有光学特性时详细阐述。

表 3.1　洪泽湖野外实验不同水层实测水体组分浓度统计表

水层	水体组分	最小值	最大值	均值	标准差	变异系数(%)	计数
表层	$Chla$（μg/L）	1.67	29.23	9.97	5.97	59.94	78
	TSM（mg/L）	7.82	108.46	48.87	25.11	51.39	78
	ISM（mg/L）	5.45	97.69	43.07	23.01	53.42	78
	OSM（mg/L）	1.24	14.38	5.80	2.52	43.41	78
	ISM/TSM（%）	54.17	96.94	86.59	6.08	7.02	78
中层	$Chla$（μg/L）	0.26	29.49	9.72	6.20	63.79	78
	TSM（mg/L）	8.95	108.67	49.44	25.01	50.59	78
	ISM（mg/L）	6.67	98.00	43.70	23.14	52.94	78
	OSM（mg/L）	1.89	13.25	5.73	2.31	40.33	78
	ISM/TSM（%）	65.06	94.38	86.89	5.32	6.12	78
底层	$Chla$（μg/L）	0.26	29.94	9.17	6.86	74.87	78
	TSM（mg/L）	9.25	106.67	50.68	24.96	49.25	78
	ISM（mg/L）	6.79	97.50	45.45	23.51	51.72	78
	OSM（mg/L）	0.83	11.33	5.23	2.09	39.99	78
	ISM/TSM（%）	70.42	97.30	88.20	5.48	6.21	78

$Chla$、TSM、ISM 和 OSM 分别代表叶绿素 a、总悬浮物、无机悬浮物和有机

悬浮物的浓度值。由于洪泽湖是以无机悬浮物为主的浑浊水体,太阳光从水表入射水面后很快衰减,所以整个水柱的 $Chla$ 处于较低水平,且从表层、中层到底层,$Chla$ 呈现略微下降的趋势,从 9.97 ± 5.9 $\mu g/L$、9.72 ± 6.20 $\mu g/L$ 下降到 9.17 ± 9.17 $\mu g/L$。但是总悬浮物浓度,无机悬浮物浓度随着深度增加呈现上升的趋势,如总悬浮物浓度,从 48.87 ± 25.11 mg/L、49.44 ± 25.01 mg/L 上升到 50.68 ± 24.96 mg/L;无机悬浮物浓度,从 43.07 ± 23.01 mg/L、43.70 ± 23.14 mg/L 上升到 45.45 ± 23.51 mg/L;与之相反,有机悬浮物浓度逐渐降低,从 5.80 ± 2.52 mg/L、5.73 ± 2.31 mg/L 下降到 5.23 ± 2.09 mg/L。需要特别注意的是,无机悬浮物质量浓度在总悬浮物质量浓度中的占比(ISM/TSM),从表层的 86.59%、中层的 86.89%,升高到底层的 88.20%。

因此在垂向上,以无机悬浮物为主的总悬浮物浓度和无机悬浮物浓度本身,都呈现出升高的趋势,这与悬浮物本身在自然水体中的沉降作用有关;而浮游藻类色素颗粒物本身因为光合作用对自然光的需要,其生存的水下空间依赖自然光在水柱中的穿透程度,因此呈现出从表层到底层递减的趋势。另外,与色素颗粒物较相关的 OSM 也有相似的垂向递减分布特征。

图 3.1 表示三层水体中,TSM 分别与 ISM 和 OSM 的散点图,ISM 与 TSM 的决定系数可达 0.99,高于 OSM 与 TSM 的决定系数 0.63。由以上分析可知,洪泽湖是典型的以无机悬浮物占主导的高浑浊水体。

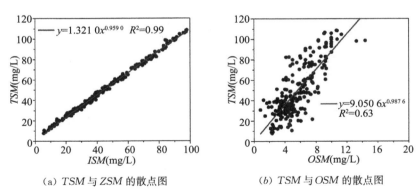

(a) TSM 与 ZSM 的散点图　　　　(b) TSM 与 OSM 的散点图

图 3.1　TSM 分别与 ISM 和 OSM 的散点图

3.2　粒径谱参数分析

3.2.1　粒径谱与水体组分的响应关系研究

LISST - 100X 激光粒度仪测量了 32 个粒径区间的体积浓度和数量浓度粒径

谱,但是每个粒径区间的体积浓度和数量浓度对水体组分的响应关系是不一样的。为了探究 32 个粒径区间对水体组分的相关程度,将 $Chla$、TSM、ISM 和 OSM 分别与 32 个粒径区间的体积浓度和数量浓度进行了相关性分析,结果如图 3.2 所示。

洪泽湖 TSM 和 ISM 与体积浓度粒径谱各个粒径区间的相关系数非常相似,均在 D_2 取得最大值($D=1.60\ \mu m$,$R=0.88$),在 D_{29} 取得最小值($D=165.26\ \mu m$,$R=0.07$),在 D_{11} 取得次峰值($D=7.11\ \mu m$,$R=0.60$)。OSM 在 D_2 取得最大值($D=1.60$,$R=0.88$),且在 $D_1 \sim D_{11}$ 之间($1.25 \sim 7.72\ \mu m$)相关系数均接近或者大于 0.6,在 D_{29} 取得最小值($D=165.26\ \mu m$,$R=0.16$)。由此可知,TSM、ISM 和 OSM 对体积浓度粒径谱各个粒径区间的响应关系中,小粒径处贡献更大。而 $Chla$ 在粒径区间 $1.25 \sim 5\ \mu m$ 时与体积浓度成负相关,在粒径区间为 $5 \sim 250\ \mu m$ 时,约为正相关,但是均没有通过显著性检验($p>0.5$)。水色组分与数量浓度的响应关系和体积浓度十分相似,也是小粒径处与 TSM、ISM 和 OSM 相关性高,$Chla$ 整体相关性差。

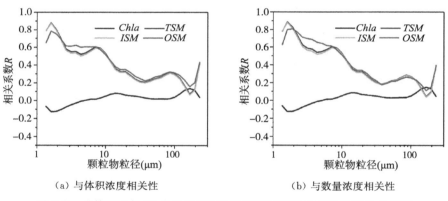

（a）与体积浓度相关性　　　　　　（b）与数量浓度相关性

图 3.2　水体组分与 32 个粒径区间体积浓度和数量浓度的相关性分析图

3.2.2　粒径谱的参数化及其对固有光学参数的影响机制分析

颗粒物粒径谱是阐释水下生态系统的一种重要途径,它提供了主导颗粒物的类型、大小等重要信息,这些信息不仅显著影响悬浮物的沉降、再悬浮等过程,而且影响水体的固有光学量,如散射和后向散射的强度(Lei et al., 2019a; Preisendorfer,1976)。因此探索粒径谱信息,有助于加深对水下生物地球化学过程和水下光场分布的理解,但在内陆湖泊,这方面的研究十分欠缺。

幂函数(Junge-type)往往用来模拟很多自然状态下的细小颗粒物,如宇宙尘埃、大气颗粒和以无机矿物质颗粒物为主导的水体等,且拟合效果较好(Bader,1970)。其指数位置的数值 ξ 就是粒径谱斜率。内陆水体中的悬浮物主要包含:生物质成分,如粒径较大的藻类颗粒物(胡鸿钧等,2006);无机矿质颗粒物成分,如粒径较小的以石英(二氧化硅)为主的泥沙、黏土等(Jonasz and Fournier,2007;Lei et al.,2019b)。由前面章节可知,洪泽湖是一个以无机悬浮物为主的典型浑浊湖泊,因此,本书用幂函数拟合 32 个对数分布的微分数量浓度来得到粒径谱斜率 ξ,具体原因如下。

(1)从悬浮物组分和粒径来看,洪泽湖是典型的以细小无机悬浮物为主导的水体。

(2)洪泽湖三层水体 32 个粒径区间的数量浓度微分用幂函数进行拟合时,94.44%的样点拟合决定系数(R^2)高于 0.95,99.15%的样点拟合决定系数高于 0.9,平均拟合决定系数为 0.98。其中,所有中层和底层水体决定系数均高于0.95,表层水体由于有少部分样点藻类较多,有机悬浮物占比较高,拟合决定系数较低,但是整个表层水体平均拟合决定系数为 0.98±0.028(如图 3.3 所示)。因此,用幂函数来拟合洪泽湖的粒径谱是合适的。

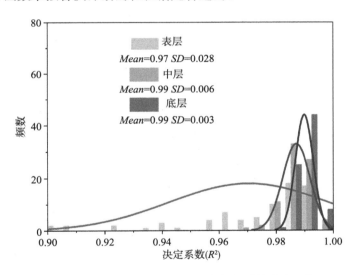

图 3.3　三层水体中用幂函数拟合粒径谱的决定系数

(3)幂函数指数位置的数值粒径谱斜率 ξ 与水体光学参数密切相关。

米氏散射理论证明,水体悬浮颗粒物的浓度和大小可以显著地影响水体的散射特性,因此,粒径谱斜率 ξ 提供了联系粒径大小信息和光学属性的纽带。基于米氏散射理论,Wozniak and Stramski(2004)认为以无机矿质颗粒物为主的水体中,后向散射斜率 η 和粒径谱斜率 ξ 是正相关的,也就是高的 η 往往伴随着陡的 ξ,反之亦然(Loisel et al.,2006)。一般情况下,在粒径谱斜率为幂函数下,直径为 D,粒径谱参数与后向散射系数有如下关系:

$$b_{bp}(\lambda) = \int_{D_{\min}}^{D_{\max}} D^2 \frac{\pi}{4} Q_{tb}(D,\lambda,m) N'(D_0) \left(\frac{D}{D_o}\right)^{-\xi} dD \qquad (3.1)$$

式中，$N'(D_0)\left(\dfrac{D}{D_0}\right)^{-\xi}$ 整个项表示颗粒物粒径谱。$Q_{tb}(D,\lambda,m)$ 为等效后向散射概率(效率)，是颗粒物直径 D、真空中光的波长 λ 和复折射指数 m 的函数。其中，$m=n-n'i$，实部 n 是介质的折射率，定义为水中和粒子介质中光速的比值，控制着颗粒物的散射特性；虚部 n' 决定了光在吸收性介质中传播时的吸收系数，控制着颗粒物的吸收特性(Mobley,1994)。这个公式将后向散射系数、后向散射斜率与粒径谱参数联系了起来。Twardowski et al. (2001)通过米氏散射模拟进一步研究发现，当复折射指数的实部固定为 1.04，虚部从 0.001 增加到 0.1，粒径谱斜率数值在 2.5～4.5 的时候，ξ 与后向散射概率 $\widetilde{b}_{bp}$ 呈现正相关的关系，且 ξ 越大，$\widetilde{b}_{bp}$ 增加得越快。当复折射指数 m 虚部固定为 0.005，粒径谱斜率数值在 2.5～4.5 的时候，ξ 与后向散射概率 $\widetilde{b}_{bp}$ 呈现先减小后增大的关系，拐点大致位于 $\xi=3.1$ 附近。Kostadinov et al. (2009)通过米氏散射模拟，构建了大洋上 η 与 ξ 的查找表近似关系式：

$$\xi = -0.001\,91\,\eta^3 + 0.127\,\eta^2 + 0.482\eta + 3.52 \qquad (3.2)$$

该关系式，非常接近 Boss et al. (2001)发现的颗粒物衰减系数 $c_p(\lambda)$ 斜率 γ 与粒径谱斜率 ξ 的关系($\xi=\gamma+3$)。说明 ξ 显著影响水体的固有光学特性。

另外 Kostadinov et al. (2009)发现，在大洋的亚热带贫营养区，也就是 $Chla$ 较低的地区，ξ 往往较高；在海岸带，赤道和高纬度地区等 $Chla$ 较高的海域，ξ 往往较低。洪泽湖也体现出类似的特征：$Chla$ 高的时候，ξ 较低；$Chla$ 较低的时候 ξ 较高。但是不同的是，远洋贫营养区的悬浮物浓度往往较低，而洪泽湖悬浮物浓度较高。而且，Kostadinov et al. (2009)在构建查找表近似关系式的时候，选用的粒径区间为 0.002～200 μm，$D_{\max}$ 的平均值为 63 μm，而本实验仪器获取的粒径区间为 1.25～250 μm，存在一定的系统偏差。该关系式是基于严格的米氏散射模拟得到的，并在大洋 I 类水体和海岸高浑浊水体(Shi and Wang,2019)得到了广泛的验证，具有一些参考价值。

3.2.3　粒径谱参数垂向特征分析

洪泽湖粒径谱参数的垂向分布特征则更为复杂。如表 3.2 和图 3.4 所示，实测表层 ξ 区间为 3.39～4.53，均值为 3.94±0.28，中层水样 ξ 区间变窄为3.55～4.56，均值升高到 3.97±0.19，底层 ξ 均值又减小到 3.93±0.19。D_v^{25}、D_v^{50}

和 D_v^{75} 分别表示粒径谱中从小到大体积浓度占 25%、50% 和 75% 时对应的粒径值。D_A 表示以截面积浓度为权重的平均粒径。这四个用来直观表示粒径大小的参数,在数值上均随着深度增大而变大。如:D_v^{50} 从表层的 $10.24\pm6.36\ \mu m$,增大到中层的 $13.34\pm7.99\ \mu m$,再增大到底层的 $16.95\pm10.53\ \mu m$;D_A 从表层的 $4.23\pm1.56\ \mu m$,增大到中层的 $5.24\pm2.05\ \mu m$,再增大到底层的 $6.04\pm2.59\ \mu m$。这说明更深的水层往往颗粒物粒径较大。

表 3.2 中,$V(D_t)$、$N(D_t)$ 和 $[AC]_t$ 分别表示由 LISST-100X 激光粒度仪实测的 32 个粒径区间的体积浓度、数量浓度和截面积浓度之和。实测数据显示,随着深度的增大,洪泽湖水体的 $V(D_t)$ 呈现增大的趋势,从 $66.86\pm40.48\ \mu L/L$,升高到 $68.53\pm38.46\ \mu L/L$,再升高到 $81.15\pm46.46\ \mu L/L$,这与洪泽湖水下悬浮物质量浓度的垂向分布规律一致。而 $N(D_t)$ 和 $[AC]_t$ 则表现出先减小后增大的趋势,$N(D_t)$ 从表层的 $(14.89\pm12.41)\times10^{12}\ m^{-3}$,到中层的 $(12.51\pm12.14)\times10^{12}\ m^{-3}$,再到底层的 $(12.83\pm13.00)\times10^{12}\ m^{-3}$;$[AC]_t$ 从表层的 $27.55\pm20.99\ m^{-1}$,到中层的 $24.60\pm20.46\ m^{-1}$,到底层的 $26.06\pm22.07\ m^{-1}$。平均表观密度 ρ_A 表层为 $0.88\pm0.39\ kg/L$,中层为 $0.86\pm0.40\ kg/L$,底层为 $0.78\pm0.40\ kg/L$,随着深度加深,不断减小。SSA 表示单位表面积,是指单位悬浮物所具有的总面积。一般情况下悬浮物粒径越小,SSA 越大。细悬浮物常常表现出显著的物理和化学活动性,如氧化、溶解、吸附等。因此,与 D_v^{50}、D_A 的垂向观测结果相对应,SAA 从表层的 $10.04\pm6.01\ m^2/mg$,下降到中层的 $7.70\pm3.32\ m^2/mg$,再下降到底层的 $6.44\pm2.22\ m^2/mg$。

表 3.2　不同水层粒径参数统计表

水层	参数	最小值	最大值	均值	标准差	变异系数(%)	计数
表层	ξ	3.39	4.53	3.94	0.28	7.06	78
	$D_v^{25}(\mu m)$	1.36	8.39	2.76	2.07	74.94	78
	$D_v^{50}(\mu m)$	1.36	31.56	10.24	6.36	62.15	78
	$D_v^{75}(\mu m)$	6.03	85.22	32.13	16.71	51.99	78
	$D_A(\mu m)$	1.96	9.26	4.23	1.56	36.97	78
	$V(D_t)\ (\mu L/L)$	7.48	172.98	66.86	40.48	60.54	78
	$N(D_t)\ (counts\times10^{12}/m^3)$	1.50	54.77	14.89	12.41	83.29	78
	$[AC]_t(m^{-1})$	2.76	90.26	27.55	20.99	76.22	78
	$\rho_A(kg/L)$	0.29	1.76	0.88	0.39	44.17	78
	$SSA(m^2/mg)$	3.71	38.95	10.04	6.01	59.93	78

续表

水层	参数	最小值	最大值	均值	标准差	变异系数(%)	计数
中层	ξ	3.55	4.56	3.97	0.19	4.89	78
	$D_v^{25}(\mu m)$	1.36	13.79	3.97	2.63	66.32	78
	$D_v^{50}(\mu m)$	1.36	37.24	13.34	7.99	59.88	78
	$D_v^{75}(\mu m)$	6.03	100.57	40.11	18.29	45.60	78
	$D_A(\mu m)$	2.00	11.14	5.24	2.05	39.18	78
	$V(D_t)(\mu L/L)$	7.76	164.85	68.53	38.46	56.13	78
	$N(D_t)(counts\times10^{12}/m^3)$	0.95	51.35	12.51	12.14	97.02	78
	$[AC]_t(m^{-1})$	2.07	84.89	24.60	20.46	83.16	78
	$\rho_A(kg/L)$	0.29	1.85	0.86	0.40	47.08	78
	$SSA(m^2/mg)$	4.03	22.27	7.70	3.32	43.12	78
底层	ξ	3.55	4.30	3.93	0.19	4.78	78
	$D_v^{25}(\mu m)$	1.36	16.27	5.02	3.46	68.79	78
	$D_v^{50}(\mu m)$	1.36	43.95	16.95	10.53	62.16	78
	$D_v^{75}(\mu m)$	11.69	100.57	47.96	21.02	43.83	78
	$D_A(\mu m)$	2.42	11.98	6.04	2.59	42.83	78
	$V(D_t)(\mu L/L)$	9.48	195.90	81.15	46.46	57.26	78
	$N(D_t)(counts\times10^{12}/m^3)$	0.63	47.28	12.83	13.00	101.30	78
	$[AC]_t(m^{-1})$	1.77	81.91	26.06	22.07	84.67	78
	$\rho_A(kg/L)$	0.18	1.74	0.78	0.40	51.60	78
	$SSA(m^2/mg)$	3.24	13.40	6.44	2.22	34.52	78

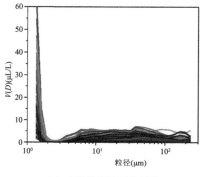

（a）表层体积浓度粒径谱

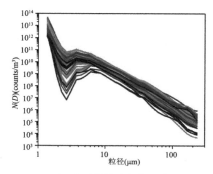

（b）表层数量浓度粒径谱

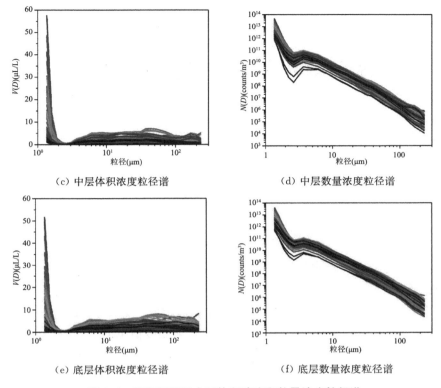

（c）中层体积浓度粒径谱　　　　　　　　（d）中层数量浓度粒径谱

（e）底层体积浓度粒径谱　　　　　　　　（f）底层数量浓度粒径谱

图 3.4　洪泽湖不同水层体积浓度和数量浓度粒径谱

3.3　固有光学特性分析

辐射度量是描述电磁、光和热辐射能的一种科学,它构成了自然水体中辐射传输的基础。如图 3.5 所示,在自然水体中,一束单色光的辐射通量 $\Phi_i(\lambda)$ 穿过厚度为 Δr、体积为 ΔV 的均质水体后,转化为如公式(3.3)所示的三部分通量:吸收部分 $\Phi_a(\lambda)$、散射部分 $\Phi_s(\lambda)$ 和透过部分 $\Phi_t(\lambda)$。

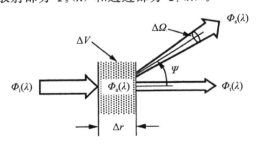

图 3.5　光能量的吸收、散射和衰减作用(引自 Mobly,1994)

根据能量守恒定律,这三部分的能量之和与入射能量相等:

$$\Phi_i(\lambda) = \Phi_a(\lambda) + \Phi_s(\lambda) + \Phi_t(\lambda) \tag{3.3}$$

相对应地,光谱吸收系数 $a(\lambda)$、散射系数 $b(\lambda)$ 和衰减系数 $c(\lambda)$,单位均为 m^{-1},恒等于:

$$a(\lambda) = \lim_{\Delta r \to 0} \frac{\left(\dfrac{\Phi_a(\lambda)}{\Phi_i(\lambda)}\right)}{\Delta r} \tag{3.4}$$

$$b(\lambda) = \lim_{\Delta r \to 0} \frac{\left(\dfrac{\Phi_s(\lambda)}{\Phi_i(\lambda)}\right)}{\Delta r} \tag{3.5}$$

$$c(\lambda) = a(\lambda) + b(\lambda) \tag{3.6}$$

波长 λ 处单位距离单位散射角度 ψ 的散射 $\beta(\psi;\lambda)$ 定义为公式(3.7)。其中,散射在某一个立体角上的光谱能量密度,在数值上是光谱能量密度 $I_s(\psi;\lambda)$ 在散射方向 ψ 上乘以这个单位立体角 $\Delta\Omega$,即 $\Phi_s(\psi;\lambda) = I_s(\psi;\lambda)\Delta\Omega$。进一步地,如果入射能量穿过单位面积 ΔA,那么瞬时辐射亮度值 $E_i(\lambda) = \Phi_i(\lambda)/\Delta A$,而 $\Delta V = \Delta r \Delta A$,因此:

$$\beta(\psi;\lambda) = \lim_{\Delta r \to 0} \lim_{\Delta\Omega \to 0} \frac{\Phi_s(\psi;\lambda)}{\Phi_i(\lambda)\Delta r \Delta\Omega} = \lim_{\Delta V \to 0} \frac{I_s(\psi;\lambda)}{E_i(\lambda)\Delta V} \tag{3.7}$$

$b_f(\lambda)$ 和 $b_b(\lambda)$ 分别为前向散射和后向散射,分别定义为与入射光线前进方向(0,$\pi/2$)和($\pi/2$,π)立体角度范围内散射能量的总和,公式如下:

$$b_f(\lambda) = 2\pi \int_0^{\frac{\pi}{2}} \beta(\psi;\lambda)\sin\psi \mathrm{d}\psi \tag{3.8}$$

$$b_b(\lambda) = 2\pi \int_{\frac{\pi}{2}}^{\pi} \beta(\psi;\lambda)\sin\psi \mathrm{d}\psi \tag{3.9}$$

引入光谱体散射相函数 $\widetilde{\beta}(\psi;\lambda)$($\mathrm{Sr}^{-1}$)的概念,来表示各个角度上散射的概率:

$$\widetilde{\beta}(\psi;\lambda) = \frac{\beta(\psi;\lambda)}{b(\lambda)} \tag{3.10}$$

特别地,针对颗粒物后向散射概率 ζ,或者表示为 $\widetilde{b_{bp}}(\lambda)$,数值上定义如下:

$$\zeta = \widetilde{b_{bp}}(\lambda) = \frac{b_{bp}(\lambda)}{b_p(\lambda)} \tag{3.11}$$

在Ⅱ类水体中,水体光谱的主要影响因素包括纯水、叶绿素 a、悬浮物和有色可溶性有机物。通过以上定义的方程组模拟水体中由于吸收和散射导致的辐亮度场的变化,可以加深对水下光场的理解,便于后续进行水体的辐射传输模拟。

3.3.1　吸收系数垂向特征分析

由于有色可溶有机物很难直接测量其浓度值,因此往往用 440 nm 处的吸收系数 $a_{CDOM}(440)$ 代替,为了便于横向的比较,也选取了 440 nm 处的总颗粒物吸收系数 $a_p(440)$、非色素颗粒物吸收系数 $a_{nap}(440)$、色素颗粒物吸收系数 a_{ph} (440),共同探究这些吸收系数在垂向上的变化规律。具体信息详见表 3.3。

表 3.3　不同水层 440 nm 处吸收系数统计表

变量	参数	最小值	最大值	均值	标准差	变异系数(%)	计数
表层	$a_p(440)(m^{-1})$	0.74	6.28	2.97	1.31	44.16	78
	$a_{nap}(440)(m^{-1})$	0.16	5.22	2.37	1.17	49.66	78
	$a_{ph}(440)(m^{-1})$	0.08	1.20	0.61	0.27	44.30	78
	$a_{CDOM}(440)(m^{-1})$	0.29	2.13	0.76	0.36	47.81	78
中层	$a_p(440)(m^{-1})$	0.73	6.98	2.91	1.29	44.20	78
	$a_{nap}(440)(m^{-1})$	0.18	5.93	2.33	1.17	50.37	78
	$a_{ph}(440)(m^{-1})$	0.14	1.21	0.58	0.28	47.48	78
	$a_{CDOM}(440)(m^{-1})$	0.17	1.84	0.78	0.41	52.41	78
底层	$a_p(440)(m^{-1})$	0.75	6.92	3.01	1.33	44.24	78
	$a_{nap}(440)(m^{-1})$	0.20	5.85	2.48	1.27	51.36	78
	$a_{ph}(440)(m^{-1})$	0.08	2.06	0.53	0.36	67.18	78
	$a_{CDOM}(440)(m^{-1})$	0.28	2.30	0.87	0.53	61.23	78

（1）总颗粒物吸收垂向特性

从表 3.3 中可以看出,表层 $a_p(440)$ 为 2.97±1.31 m^{-1},中层为 2.91±1.29 m^{-1},底层为 3.01±1.33 m^{-1},从均值看呈现出随深度先减小后增大的趋势。图 3.6 表示洪泽湖总颗粒物吸收系数的光谱特征,从中可以看出,绝大部分样点的总颗粒吸收系数表现出了一致的吸收特征:从 400～650 nm 随着波长快速下降,到 675 nm 出现较强的吸收峰。研究显示,在一些富营养化湖泊,$a_p(\lambda)$ 一般情况下还在 440 nm 处有一个较为明显的吸收峰。但是在洪泽湖,440 nm 处的吸收峰很不明显。除了 675 nm 处部分样点有明显的吸收峰以外,$a_p(\lambda)$ 在其他波段整体呈现指数衰减的特征。这也可以说明洪泽湖水体大部分样点是受到悬浮物的主导,这与表3.1的数据一致。

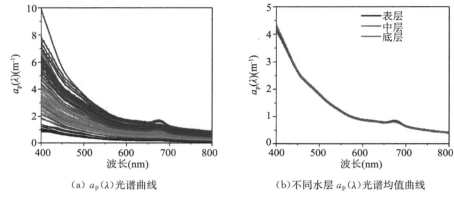

(a) $a_p(\lambda)$光谱曲线 　　(b)不同水层 $a_p(\lambda)$光谱均值曲线

图 3.6　洪泽湖水体总颗粒物吸收光谱曲线

(2) 非色素颗粒物吸收光谱垂向特征

与 $a_{nap}(440)$ 垂向规律非常相似,表层 $a_{nap}(440)$ 为 2.37 ± 1.17 m^{-1},中层为 2.33 ± 1.17 m^{-1},底层为 2.48 ± 1.27 m^{-1},从均值看也是呈现出随垂向先减小后增大的趋势,变异系数也随深度不断增大(表 3.3)。图 3.7 给出了洪泽湖水体非色素颗粒物吸收光谱曲线。从图中可以看出,非色素颗粒物的吸收系数呈现出随波长的增加而逐渐减小的特征,其光谱变化符合指数衰减规律。在 400~550 nm 波段范围内,各样点的吸收系数差别较大,之后于 550~700 nm 之间逐渐减小,而当波长大于 700 nm 后,大部分样点的 $a_{nap}(\lambda)$ 不大于 1 m^{-1}。非色素颗粒物存在着相对稳定的光谱吸收特性,光谱曲线特征符合负指数函数规律。

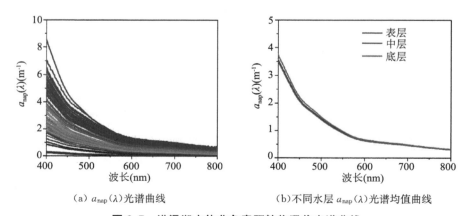

(a) $a_{nap}(\lambda)$光谱曲线 　　(b)不同水层 $a_{nap}(\lambda)$光谱均值曲线

图 3.7　洪泽湖水体非色素颗粒物吸收光谱曲线

(3) 色素颗粒物吸收光谱垂向特征

$a_{ph}(440)$ 与 $Chla$ 垂向分布的特征相似,从表层的 0.61 ± 0.27 m^{-1}、中层的

$0.58\pm0.28\ m^{-1}$,一直下降到底层的 $0.53\pm0.36\ m^{-1}$。图 3.8 为洪泽湖水体色素颗粒物吸收光谱曲线,可以看出,部分样点的色素颗粒物吸收系数在 $400\sim440\ nm$ 呈现略微升高的趋势,然后在 $440\sim560\ nm$ 随着波长的增加而下降,其中一部分色素较低的曲线,一路随波长下降直到 $650\ nm$。另外,一部分样点在 $620\ nm$ 出现一个小的峰值,这是藻蓝蛋白的吸收作用引起的;$675\ nm$ 附近出现明显的峰值,这是叶绿素 a 的强吸收导致的;而在 $675\ nm$ 以后 $a_{ph}(\lambda)$ 呈现显著的下降趋势,到近红外波段之后 $a_{ph}(\lambda)$ 均值低于 $0.2\ m^{-1}$,到 $800\ nm$ 约为 $0.1\ m^{-1}$。

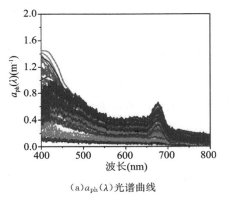 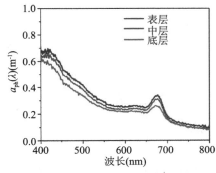

（a）$a_{ph}(\lambda)$光谱曲线　　　　　（b）不同水层 $a_{ph}(\lambda)$光谱均值曲线

图 3.8　洪泽湖水体色素颗粒物吸收光谱曲线

（4）有色可溶有机物吸收垂向特性

自然湖泊中另一种显著影响水体光学特性的物质是各种复杂的溶解性有机物质,这种源于生物活动的副产品因为在紫外波段和蓝光波段有着强烈的吸收作用而在太阳光下呈现为黄色,所以也被称为黄色物质（Gelbstoff,德语）（Chen and Gardner,2004;Miao et al.,2019）。有色可溶有机物源于水体中生物体新陈代谢作用,或从病毒、微生物和藻类的生物质中降解出来,也可能来源于陆地生物,通过河流搬运至湖泊。在大洋中有色可溶有机物往往显著影响水下光场的分布,并进一步决定了水体的初级生产力。有色可溶有机物往往认为是追踪溶解有机碳的重要媒介,从而对研究碳循环提供必要的数据支持。由于有色可溶有机物成分的复杂性,目前尚无法确定其浓度,常用的方法是用 $440\ nm$ 波长处的吸收系数来表示 CDOM 的浓度（Kutser,2005）,$a_{CDOM}(\lambda)$ 越大,对应的 CDOM 浓度就越高。

从表 3.3 和图 3.9 可以看出,洪泽湖 $a_{CDOM}(440)$ 从表层的 $0.76\pm0.36\ m^{-1}$、中层的 $0.78\pm0.41\ m^{-1}$,一直增加到底层的 $0.87\pm0.53\ m^{-1}$。明显可以看出,$a_{CDOM}(\lambda)$ 在紫外波段（$240\sim400\ nm$）表现为强烈的吸收作用,在可见

光波段(400～700 nm)对光的吸收作用显著放缓,而在 700 nm 已经逐渐趋向于零,一般研究认为到近红外波段(700～900 nm)的时候,$a_{CDOM}(\lambda)$ 的吸收几乎为零。

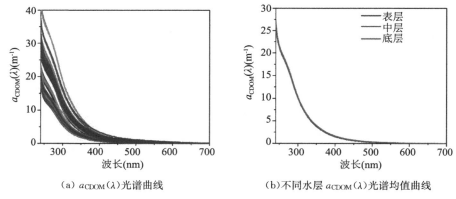

（a）$a_{CDOM}(\lambda)$光谱曲线　　　　（b）不同水层 $a_{CDOM}(\lambda)$ 光谱均值曲线

图 3.9　洪泽湖水体有色可溶有机物吸收光谱曲线

3.3.2　不同水层各组分吸收贡献分析

水体的吸收 $a(\lambda)$ 一般有四个贡献的因子,即纯水的吸收系数 $a_w(\lambda)$、色素颗粒物的吸收系数 $a_{ph}(\lambda)$、非色素颗粒物吸收系数 $a_{nap}(\lambda)$ 和 CDOM 吸收系数 $a_{CDOM}(\lambda)$:

$$a(\lambda) = a_w(\lambda) + a_{ph}(\lambda) + a_{nap}(\lambda) + a_{CDOM}(\lambda) \tag{3.12}$$

由于纯水有确定的吸收系数,而每个样点色素、非色素和 CDOM 的吸收系数值一般情况下因水质差异而不同,它们对水体吸收的贡献在每个波段和不同水层的水体也不一致,因此选用各个波段三个吸收系数的占比来描述其贡献率,其定义如公式(3.13)至公式(3.15):

$$a_{ph}(\lambda)P = \frac{a_{ph}(\lambda)}{a_{ph}(\lambda) + a_{nap}(\lambda) + a_{CDOM}(\lambda)} \times 100\% \tag{3.13}$$

$$a_{nap}(\lambda)P = \frac{a_{nap}(\lambda)}{a_{ph}(\lambda) + a_{nap}(\lambda) + a_{CDOM}(\lambda)} \times 100\% \tag{3.14}$$

$$a_{CDOM}(\lambda)P = \frac{a_{CDOM}(\lambda)}{a_{ph}(\lambda) + a_{nap}(\lambda) + a_{CDOM}(\lambda)} \times 100\% \tag{3.15}$$

其中,$a_{ph}(\lambda)P$、$a_{nap}(\lambda)P$ 和 $a_{CDOM}(\lambda)P$ 分别表示色素颗粒物、非色素颗粒物和 CDOM 吸收系数在各个波段处的占比,也就是贡献率。

三种水体光学组分在 400～800 nm 对吸收的相对贡献如图 3.10 所示,其中 SL、ML 和 LL 分别表示表层水体、中层水体和底层水体。整体而言,洪泽湖水体在全波段 $a_{nap}(\lambda)$ 占据主导。

在表层,$a_{ph}(\lambda)$ 的贡献率从 400 nm 的 11.74%,一直随波长增加而缓慢增加,到 675 nm 达到 38.50%,紧接着开始下降到 800 nm 处的 24.35%。$a_{CDOM}(\lambda)$ 的贡献率,从 400 nm 的 26.34%,一直随波长降低到 668 nm 的不足 1%。$a_{CDOM}(\lambda)$ 的贡献率在 467 nm 开始低于 $a_{ph}(\lambda)$,此时两者的贡献率均在 17.5% 左右。$a_{nap}(\lambda)$ 则在全波段处于较高水平,贡献率均高于 60%。从 400 nm 的 61.92%,一直上升到 530~560 nm 的约 67.85%,再下降到 620 nm 处的 64.79%,之后又上升到 648 nm 的 66.09%,全波段贡献率的最低点位于 675 nm 处,为 61.21%,之后在近红外波段贡献率大幅上升,最高点位于 750 nm 处,为 76.34%。$a_{nap}(\lambda)$ 在 620 nm 和 675 nm 的贡献率谷值可能是藻蓝蛋白和叶绿素 a 的吸收较高引起的。

在中层,$a_{ph}(\lambda)$ 的贡献率从 400 nm 的 11.21%,一直随波长增加而缓慢增加,到 675 nm 达到 37.00%,紧接着开始下降到 800 nm 处的 21.60%。$a_{CDOM}(\lambda)$ 的贡献率,从 400 nm 的 27.35%,一直随波长降低到 670 nm 的不足 1%。$a_{CDOM}(\lambda)$ 的贡献率在 479 nm 开始低于 $a_{ph}(\lambda)$,此时两者的贡献率均在 17.1% 左右。$a_{nap}(\lambda)$ 则在全波段处于较高水平,贡献率均高于 61%。从 400 nm 的 61.44%,一直上升到 526 nm 的约 67.68%,再下降到 675 nm,为 62.29%,之后在近红外波段贡献率大幅上升,最高点位于 800 nm 处,为 78.42%。其中,$a_{nap}(\lambda)$ 在 620 nm 藻蓝蛋白的吸收贡献率低谷已经很不明显,675 nm 的贡献率谷值也是叶绿素 a 的吸收较高引起的。

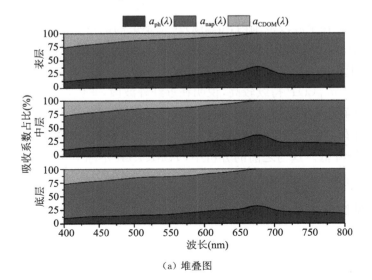

(a) 堆叠图

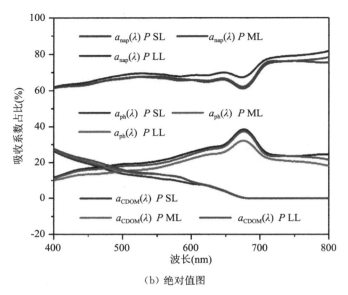

（b）绝对值图

图 3.10　洪泽湖不同水层水体组分吸收对总吸收的贡献率

在底层,三种吸收系数贡献率的形状和中层十分相似。$a_{ph}(\lambda)$ 的贡献率从 400 nm 的 10.22%,一直随波长增加而缓慢增加,到 675 nm 达到 32.20%,紧接着开始下降到 800 nm 处的 18.15%。$a_{CDOM}(\lambda)$ 的贡献率,从 400 nm 的 27.75%,一直随波长降低到 669 nm 的不足 1%。$a_{CDOM}(\lambda)$ 的贡献率在 507 nm 开始低于 $a_{ph}(\lambda)$,此时两者的贡献率均在 15.5% 左右。$a_{nap}(\lambda)$ 则在全波段处于较高水平,贡献率均高于 67%。530 nm 和 650 nm 为两处峰值,贡献率接近 70%。近红外波段处贡献率不断走高,到 800 nm,已达 81.8%。

由此可知,在全波段范围内,$a_{nap}(\lambda)P$ 总是最高的,在蓝光波段尤其是深蓝波段,$a_{CDOM}(\lambda)P$ 高于 $a_{ph}(\lambda)P$,但是在波长更长的绿、红和近红外波段,$a_{ph}(\lambda)P$ 高于 $a_{CDOM}(\lambda)P$。而且,在波长大于 675 nm 后,$a_{CDOM}(\lambda)P$ 几乎为零。但是近红外处 $a_{nap}(\lambda)P$ 持续较高,说明在近红外波段,非色素颗粒物的吸收在这三种吸收里面是最主要的。

从垂向看,随着深度的不断增加,$a_{nap}(\lambda)P$ 和 $a_{CDOM}(\lambda)P$ 略微升高,而 $a_{ph}(\lambda)P$ 略微降低。这与之前的分析中,TSM、ISM 不断升高,OSM、Chla 不断下降的观测结果是一致的。

3.3.3　颗粒物吸收系数与水体组分的响应关系研究

水色三要素,如叶绿素 a、悬浮物和有色可溶有机物会对水下光场和水面遥感信号产生影响,因此本书利用 Chla、TSM、ISM、OSM、$a_{CDOM}(440)$ 分别与

$a_p(\lambda)$、$a_{ph}(\lambda)$、$a_{nap}(\lambda)$ 进行相关性分析,以探究其对吸收系数的影响机制。虽然有色可溶有机物与悬浮物颗粒物之间存在粒径上的偏差,但是藻类颗粒物或者有机颗粒物在参与生物地球化学循环的时候,往往成为有色可溶有机物的来源;因此本书也将 $a_{CDOM}(440)$ 列入分析之列。

(1)总颗粒物吸收系数

图 3.11 表示 $a_p(\lambda)$ 与水体组分在 400～800 nm 的相关性分析。其中,总悬浮物浓度和无机悬浮物浓度与 $a_p(\lambda)$ 的相关性在全波段处十分相似,且均高于0.8,在红绿波段可以接近 0.9。有机悬浮物与 $a_p(\lambda)$ 的相关系数处于中等水平,位于 0.6～0.8 之间,在 450～500 nm 和 675 nm 附近有两个接近 0.79 的相关系数峰值。$Chla$ 和 $a_{CDOM}(440)$ 与 $a_p(\lambda)$ 的相关系数在 400～800 nm 区间的形状相似,但是前者是负相关,后者是正相关,且均处于较低的相关性水平。这说明,洪泽湖水体的总颗粒物吸收系数主要受到无机悬浮物浓度和总悬浮物浓度的影响,有机悬浮物浓度的影响次之;而受到 $Chla$ 和 $a_{CDOM}(440)$ 的影响较小。

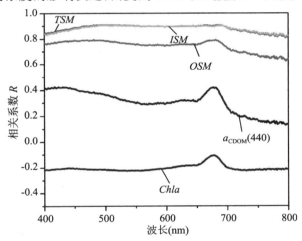

图 3.11　$a_p(\lambda)$ 与水体组分的相关性分析

(2)非色素颗粒物吸收系数

图 3.12 为 $a_{nap}(\lambda)$ 与水体组分在 400～800 nm 的相关性系数。其中,TSM、ISM 与 $a_{nap}(\lambda)$ 的相关性在全波段处于较高水平,接近 0.9,且几乎是直线分布。OSM 与 $a_{nap}(\lambda)$ 的相关系数处于中等水平,数值范围为 0.7～0.8,略微随波长递减。$Chla$ 与 $a_{nap}(\lambda)$ 的相关系数在 400～800 nm 为负数,且在全波段的均值处于 -0.28 左右。$a_{CDOM}(440)$ 与 $a_{nap}(\lambda)$ 的相关系数为正数,从 400 nm 的 0.38 一直下降到 800 nm 的 0.24。

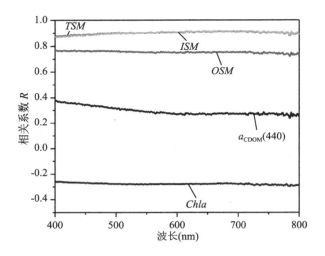

图 3.12 $a_{nap}(\lambda)$ 与水体组分的相关性分析

（3）色素颗粒物吸收系数

$a_{ph}(\lambda)$ 一般认为和 $Chla$ 的相关性较高，但是因为洪泽湖水体中无机悬浮物占比非常高，$Chla$ 较低，在高无机悬浮物背景下，色素吸收系数的测量值非常低，与 $Chla$ 的相关性也较低。如图 3.13 所示，虽然叶绿素 a 在 440 nm 和 675 nm 有两处较为明显的由于色素吸收引起的较高相关系数值，但是在全波段处，相关系数均不高于 0.2。440 nm、480 nm、530 nm 分别有一个 $a_{CDOM}(440)$、OSM、ISM（和 TSM）的相关系数高值，但是相关系数均不高于 0.62。由于洪泽湖色素吸收系数水平较低，其值更容易受到悬浮物浓度的影响。

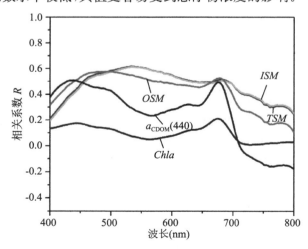

图 3.13 $a_{ph}(\lambda)$ 与水体组分的相关性分析

3.3.4　不同无机悬浮物后向散射斜率和概率对表观光学量的影响

目前,在湖泊水色三要素及其衍生物质(如颗粒有机碳、生物量等)对水体表观光学量的影响方面,国内外众多学者针对 $Chla$ 主导和 ISM 主导的水体进行了大量的研究,并取得了显著的成果(马荣华等,2016;Xu et al.,2020;Lin et al.,2018b)。但是有关后向散射斜率和后向散射概率对表观光学属性的研究较少。一般研究认为,悬浮物粒径谱斜率(ξ)与颗粒物后向散射斜率(η)有较明显的共变关系(Kostadinov et al.,2009),因此,本书利用 HYDROLIGHT 模拟数据(具体方法见第四章)探索不同无机悬浮物 η 的变化,表征悬浮物 ξ 的变化,进而分析其对遥感反射率和漫衰减系数的影响。

(1)不同无机悬浮物后向散射斜率(η)对表观光学量的影响

图 3.14 表示在洪泽湖水色三要素平均浓度水平($Chla$ 为 8 $\mu g/L$,ISM 为 44 mg/L,a_{CDOM}(440)为 0.8 m^{-1},无机悬浮物后向散射概率 ζ 为 0.024)、垂向均一条件下,不同 η 引起的遥感反射率和漫衰减系数的变化。由于本书中无机悬浮物后向散射系数光谱的参考波长为 670 nm,当 η 变化时,后向散射系数的光谱形状会以 670 nm 为中心变化波动。当 η 较小,约为 0~0.8 时,遥感反射率在红光波段有一个明显的平台,在波长 580 nm、645 nm 和 675 nm 处分别有 1 个明显的小的反射值。当 η 较大,约为 2~3.2 时,遥感反射率仅在 580 nm 表现为明显的峰值。随着 η 从小到大变化,遥感反射率在 400~670 nm 处不断增大,在 670~900 nm 处不断减小。

和遥感反射率一样,漫衰减系数也是随着 η 从小到大变化,在 400~670 nm 处不断增大,在 670~900 nm 处不断减小。

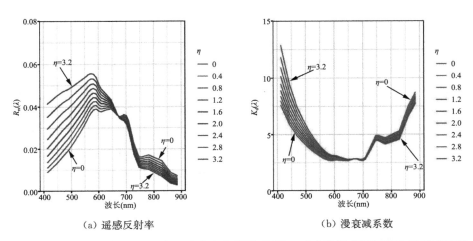

（a）遥感反射率　　　　　　　　　　（b）漫衰减系数

图 3.14　洪泽湖水色三要素平均浓度水平下,不同 η 对应的遥感反射率和漫衰减系数

（2）不同无机悬浮物后向散射概率（ζ）对表观光学量的影响

图 3.15 表示在洪泽湖水色三要素浓度平均水平（$Chla$ 为 8 $\mu g/L$，ISM 为 44 mg/L，$a_{CDOM}(440)$ 为 0.8 m^{-1}，无机悬浮物后向散射斜率 η 为 1.2）、垂向均一条件下，不同 ζ 引起的遥感反射率和漫衰减系数的变化。很明显，随着 ζ 从小到大变化，无机悬浮物后向散射系数不断增大，在吸收系数不变的情况下，遥感反射率和漫衰减系数整体的量级不断增大。遥感反射率在波长 580 nm、645 nm 和 700 nm 处分别有 1 个明显的小的反射值，且这三个峰值随着 ζ 的增大有不同程度的增大。漫衰减系数曲线则基本随着 ζ 的增大而平行抬高量级。

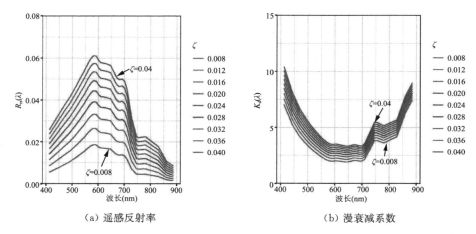

（a）遥感反射率　　　　　　　　（b）漫衰减系数

图 3.15　洪泽湖水色三要素浓度平均水平下，不同 ζ 对应的遥感反射率和漫衰减系数

3.3.5　后向散射系数与水体组分的响应关系研究

颗粒物后向散射系数一般与颗粒物的质量浓度、粒径大小等特性有关。图 3.16 显示了在 442 nm、488 nm、532 nm、590 nm、676 nm 和 852 nm 处的后向散射系数与 $Chla$ 和悬浮物浓度的相关性大小。由此可知，ISM 和 TSM 与各个波段的后向散射系数相关系数十分接近，且都是随着波长增大而增大，其中在 590 nm、676 nm 处，它们的相关系数已经达到了 0.89，而在近红外的 852 nm 处，相关系数达到了 0.96，说明这三个波段的后向散射系数明显受到 ISM 和 TSM 的影响（$p < 0.001$）；有机悬浮物与后向散射系数的相关系数与总悬浮物与后向散射系数的相关系数，在光谱形状上相似，但是量级上低一些，且同样是在 852 nm 处达到最大值，约为 0.79。虽然在大洋和海岸带水体，后向散射系数一般与 $Chla$ 成正比（Twardowski et al.，2001；Sullivan et al.，2005），但是在洪泽湖，后向散射系数与 $Chla$ 却是负相关，其相关性在这六个波段上都比较低。

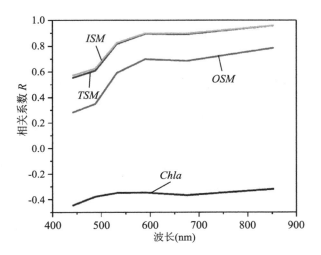

图 3.16　洪泽湖水体 $b_{bp}(\lambda)$ 与水体组分的相关性分析

3.3.6　后向散射系数垂向特征分析

洪泽湖水体在 442 nm、488 nm、532 nm、590 nm、676 nm 和 852 nm 处的颗粒物后向散射系数光谱曲线如图 3.17 所示。从图中可以看出洪泽湖水体 $b_{bp}(\lambda)$ 光谱曲线随着波长的增加表现较为波动,可大致分为两类。第一类是悬浮物浓度处于低水平,也就是图 3.17 中量级较低的曲线,后向散射的峰值出现在 532 nm,且 532 nm 以后,随着波长的增加后向散射系数不断减小。第二类是悬

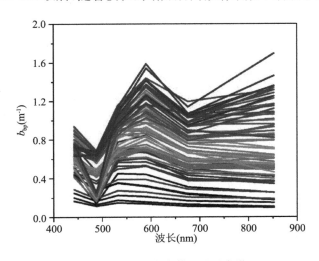

图 3.17　洪泽湖水体 $b_{bp}(\lambda)$ 光谱

浮物浓度较高时,也就是量级较高的曲线,其后向散射系数的最大值在可见光波段位于590 nm,之后,部分样点曲线随波长增大而减小,另一部分样点的后向散射系数下降后,在近红外波段再度上扬。本书的研究中实测的$b_{bp}(\lambda)$与前人的研究(李敏敏等,2013;Lin et al.,2018a;施坤等,2010)部分一致。颗粒物后向散射系数的变异性说明洪泽湖水体水质有着明显的空间异质性,同时也表明野外实测样点均匀分布于洪泽湖湖区,覆盖了水质参数变化广泛的各种水样。

由上段分析可得,以无机悬浮物为主的总悬浮物浓度往往在垂向上有增加的趋势,相似地,颗粒物后向散射系数也都随着深度的增加有增大的趋势。表3.4列举了洪泽湖水体在442 nm、488 nm、532 nm、590 nm、676 nm和852 nm处的颗粒物后向散射系数在不同深度的统计值。这六个波段的均值在数值上都有随深度增大的趋势。如$b_{bp}(676)$从表层的0.70 ± 0.27 m^{-1}、中层的0.71 ± 0.27 m^{-1},一直增大到底层的0.75 ± 0.25 m^{-1};$b_{bp}(852)$从表层的0.74 ± 0.37 m^{-1}、中层的0.75 ± 0.37 m^{-1},一直增大到底层的0.77 ± 0.35 m^{-1};且各个波段的后向散射系数的变异系数随深度不断减小,说明较深的水层中后向散射变异较小。

对于不同季节或者不同区域,指数η有不同的取值范围。国内外诸多学者对水体后向散射系数光谱进行了研究,普遍认为水体中颗粒物后向散射系数$b_{bp}(\eta)$随着波长增加呈现指数衰减的趋势(宋庆君等,2006;Stramski et al.,2004):

$$b_{bp}(\lambda) = b_{bp}(\lambda_0) \times \left[\frac{\lambda}{\lambda_0}\right]^{-\eta} \tag{3.16}$$

式中,$b_{bp}(\lambda_0)$为参考波段λ_0处的后向散射系数,由于大洋水体较为清澈,水体信号一般集中在400~700 nm可见光波段,因此参考波段一般选择光谱的中间值,也就是550 nm;但是,洪泽湖高无机悬浮物浓度对近红外波段的遥感有很大的贡献,因此选用400~900 nm中心点附近的676 nm作为参考波长。η为后向散射系数随波长变化的指数,也就是后向散射系数的光谱斜率。$b_{bp}(\lambda_0)$一般表示后向散射光谱的量级,而η一般表示其形状。

由于一般研究普遍认为以无机悬浮物为主导的水体中颗粒物后向散射系数斜率η在大多情况下为正值(刘瑶等,2019),因此,通过观察实测数据我们计算了以676 nm作为参考波长λ_0,λ为532 nm和590 nm时不同水层的η值。结果发现,在表层,当λ_0为676 nm,λ为532 nm时,η为0.68 ± 0.49;当λ_0为676 nm,λ为590 nm时,η为2.11 ± 0.40。在中层,当λ_0为676 nm,λ为532 nm

时，η 为 0.69 ± 0.48；当 λ_0 为 676 nm，λ 为 590 nm 时，η 为 2.15 ± 0.32。在底层，当 λ_0 为 676 nm，λ 为 532 nm 时，η 为 0.62 ± 0.45；当 λ_0 为 676 nm，λ 为 590 nm时，η 为 2.17 ± 0.29。η 变化范围虽然较大，但是可以为辐射传输模拟提供数值区间的参考。

表 3.4 洪泽湖实测不同水层颗粒物后向散射系数统计表

变量	参数	最小值	最大值	均值	标准差	变异系数(%)	计数
表层	$b_{bp}(442)$ (m^{-1})	0.17	0.94	0.65	0.17	25.64	75
	$b_{bp}(488)$ (m^{-1})	0.12	0.69	0.44	0.19	42.60	75
	$b_{bp}(532)$ (m^{-1})	0.15	1.16	0.80	0.25	30.76	75
	$b_{bp}(590)$ (m^{-1})	0.14	1.59	0.93	0.36	38.25	75
	$b_{bp}(676)$ (m^{-1})	0.11	1.20	0.70	0.27	38.64	75
	$b_{bp}(852)$ (m^{-1})	0.10	1.69	0.74	0.37	50.39	75
中层	$b_{bp}(442)$ (m^{-1})	0.23	0.94	0.65	0.16	24.70	75
	$b_{bp}(488)$ (m^{-1})	0.16	0.68	0.44	0.18	41.74	75
	$b_{bp}(532)$ (m^{-1})	0.21	1.17	0.81	0.24	29.89	75
	$b_{bp}(590)$ (m^{-1})	0.20	1.62	0.95	0.36	37.51	75
	$b_{bp}(676)$ (m^{-1})	0.15	1.25	0.71	0.27	37.93	75
	$b_{bp}(852)$ (m^{-1})	0.13	1.78	0.75	0.37	49.90	75
底层	$b_{bp}(442)$ (m^{-1})	0.27	0.94	0.67	0.14	21.42	75
	$b_{bp}(488)$ (m^{-1})	0.17	0.70	0.45	0.18	39.09	75
	$b_{bp}(532)$ (m^{-1})	0.26	1.18	0.84	0.22	26.09	75
	$b_{bp}(590)$ (m^{-1})	0.25	1.54	1.00	0.33	33.37	75
	$b_{bp}(676)$ (m^{-1})	0.19	1.18	0.75	0.25	33.71	75
	$b_{bp}(852)$ (m^{-1})	0.17	1.64	0.77	0.35	45.54	75

3.3.7 颗粒物衰减系数垂向特征分析

LISST-100X 激光粒度仪在测量粒径谱的同时，测量了 670 nm 处的颗粒物光束衰减系数 $c_p(670)$。颗粒物光束衰减系数定义为颗粒物的吸收系数 $a_p(\lambda)$ 与颗粒物散射系数 $b_p(\lambda)$ 之和：

$$c_p(\lambda) = a_p(\lambda) + b_p(\lambda) \tag{3.17}$$

由于洪泽湖是典型的以悬浮物为主导的水体，其颗粒物衰减系数与悬浮物质量浓度密切相关,例如 $c_p(670)$ 与 *ISM* 和 *TSM* 的决定系数均约为 0.83,与 OSM 的决定系数约为 0.58。因此,$c_p(670)$ 呈现和悬浮物质量浓度一致的垂向分布规律。由表 3.5 可知,$c_p(670)$ 从表层的 $31.34\pm14.04\ \mathrm{m^{-1}}$、中层的 $31.56\pm13.79\ \mathrm{m^{-1}}$,一直增加到底层的 $32.89\pm14.13\ \mathrm{m^{-1}}$。

表 3.5　洪泽湖实测不同水层颗粒物衰减系数统计表

变量	参数	最小值	最大值	均值	标准差	变异系数(%)	计数
表层	$c_p(670)$ ($\mathrm{m^{-1}}$)	6.57	58.22	31.34	14.04	44.81	78
中层	$c_p(670)$ ($\mathrm{m^{-1}}$)	6.57	61.27	31.56	13.79	43.70	78
底层	$c_p(670)$ ($\mathrm{m^{-1}}$)	7.26	59.44	32.89	14.13	42.96	78

3.4　表观光学特性分析

遥感反射率是最常用的表观光学量,用来度量在某个角度 (θ,φ) 上,有多少比例的光在入射水面后最终返回了表面,单位为立体角(Sr^{-1})。因此遥感反射率可表示为刚好位于水表面以上空气中($z=a$)时,离水辐亮度与下行辐照度的比值:

$$R_{rs}(\theta,\varphi;\lambda) = \frac{L(z=a;\theta,\varphi;\lambda)}{E_d(z=a;\lambda)} \tag{3.18}$$

式中,$L(\theta,\varphi;\lambda)$ 为刚好位于水表面以上空气中($z=a$)时,在方向 (θ,ϕ) 上的离水辐亮度,$E_d(\lambda)$ 为下行辐照度。

在典型的水下环境中,由太阳和太空光散射产生的光,其辐照度或者辐亮度在水下总是以指数衰减的形式随水深由水面到水下递减分布(在光学深水区,不考虑底质的影响)。因此,下行辐照度 $E_d(z;\lambda)$ 也可以表示为深度 z 的函数:

$$E_d(z;\lambda) = E_d(0;\lambda)\exp\left[-\int_0^z K_d(z';\lambda)\mathrm{d}z'\right] \tag{3.19}$$

式中,$K_d(z;\lambda)$ 就是下行辐照度 $E_d(z;\lambda)$ 的漫衰减系数,转换公式将 $K_d(z;\lambda)$ 提出,则表示为:

$$K_d(z;\lambda) = -\frac{\mathrm{d}\ln E_d(z;\lambda)}{\mathrm{d}z} = -\frac{1}{E_d(z;\lambda)}\frac{\mathrm{d}E_d(z;\lambda)}{\mathrm{d}z} \tag{3.20}$$

相对应地,其他漫衰减系数,如上行辐照度、上下行辐亮度和光合有效辐射(PAR),也是通过类似公式定义的。但是在这里,$K_d(z;\lambda)$ 专门指的是下行辐照度的漫衰减系数。

3.4.1　遥感反射率光谱曲线特征及其与水色组分的相关性分析

图 3.18(a)展示了 2016—2018 年洪泽湖水体实测遥感反射率光谱曲线。从图中可以看出,水体遥感反射率光谱曲线呈现出明显的Ⅱ类水体的光谱特征(Knaeps et al.,2015;郑著彬,2018),整体在 575 nm、645 nm、700 nm 和 810 nm波段附近出现较为明显的反射峰,主要受到无机悬浮物的散射作用和叶绿素、胡萝卜素等光合色素的吸收作用,且这四个反射峰的绝对值呈现依次下降的趋势。相对应地,在悬浮物浓度较低、浮游藻类色素颗粒物较多的情况下,会在 620 nm 出现一个较为明显的藻蓝蛋白吸收谷;同时,675 nm 处较为明显的吸收谷主要受到叶绿素 a 吸收的控制,而 745～780 nm 处有较为明显的纯水的吸收谷。当悬浮物浓度升高,遥感反射率的量级不断升高,同时,在可见光波段遥感反射率的形状从骆驼峰(主要是 575 nm 和 700 nm 的反射峰)形状向平原峰演化(575～700 nm 整体较大)。而在 710 nm 出现的反射峰值,主要受到纯水吸收和叶绿素荧光的影响;部分样点在此处没有峰值,只表现出肩部特征,说明这些样点 Chla 较低。在近红外波段的 810 nm,悬浮物后向散射与纯水吸收的共同作用导致此处附近出现了显著的遥感反射率反射峰。

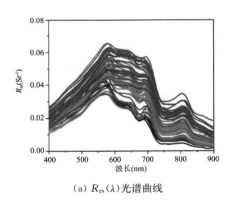
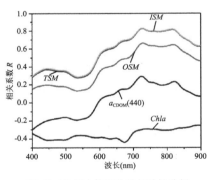

(a) $R_{rs}(\lambda)$ 光谱曲线　　　　(b) $R_{rs}(\lambda)$ 与水体组分的相关性分析

图 3.18　2016—2018 年洪泽湖水体实测遥感反射率及其与水体组分的相关性分析

将 Chla、TSM、ISM 和 OSM 与各波段遥感反射率进行相关性分析,可得图 3.19(b)。图中 Chla 与全遥感反射率各个波段呈现负相关的关系,其中,位于 675 nm 色素敏感波段的相关系数最小。$a_{CDOM}(440)$ 也和 400～600 nm 的遥感反射率负相关,但在 600～900 nm 则是正相关关系。由于无机悬浮物和总悬浮物浓度本身具有极强的自相关性,所以两者与遥感反射率各个波段的相关性相似,不仅都是正相关,而且在 700～900 nm 的近红外波段普遍较高。有机悬浮物与遥感反射率相关系数与总悬浮物和无机悬浮物在形状上很相似,也是在

700～900 nm 的近红外波段普遍较高,但是量级会低一些。

3.4.2　漫衰减系数光谱曲线特征及其与水色组分的相关性分析

图 3.19(a)表示洪泽湖水体漫衰减系数的光谱曲线,表 3.6 统计了几个典型波段的数据特征。整体而言,漫衰减系数在 400～580 nm 范围内随着波长增加而呈现减小的规律。440 nm 处的下行辐照度漫衰减系数值 $K_d(440)$ 平均值为 8.25 m^{-1},最小值和最大值分别是 2.29 m^{-1} 和 18.66 m^{-1}。580～700 nm 之间漫衰减系数随波长增加变化不大,光谱曲线相对稳定,形成一个较宽的谷底,如 $K_d(640)$,其最大值为 7.89 m^{-1},最小值为 0.84 m^{-1},平均值为 3.51 m^{-1},变异系数为 45.47%。由于纯水的吸收作用,在 700～745 nm 范围内,漫衰减系数指数上升,在 745 nm 达到峰值,平均值为 6.23 m^{-1},最小值和最大值分别是 2.60 m^{-1} 和 10.49 m^{-1}。之后漫衰减系数随着波长的增加缓慢下降,到 810 nm 出现一个明显的谷,最小值和最大值分别是 2.01 m^{-1} 和 9.07 m^{-1},平均值为 5.19 m^{-1}。另外 $STW(K_d)$ 表示漫衰减系数光谱曲线的最低点所处的波段位置,用来表示光谱的穿透窗口(Spectral Transparent Window)。在大洋 I 类清洁水体中,漫衰减系数光谱穿透窗口通常位于较短蓝光等波段,如 490 nm,而在洪泽湖,$STW(K_d)$ 区间为 573～697 nm,位于红黄波段,整体高于 Lee 等人(2015)做出的水体光谱穿透窗口位于 443～665 nm 的假设,这些数据说明当水体浑浊度上升的时候,光谱穿透窗口会向长波段方向移动,这些发现也可以为洪泽湖水体透明度等研究提供新的参考。$1/K_d^{tr}(\lambda)_{min}$ 表示漫衰减系数光谱曲线的最低值的倒数,一般用来表示遥感可探测水下信号的深度。三次实验中,$K_d^{tr}(\lambda)_{min}$ 数值区间为 0.75～7.46 m^{-1},平均为 3.40 m^{-1},变异系数为 46.11%;$1/K_d^{tr}(\lambda)_{min}$ 数值区间为 0.13～1.33 m,平均为 0.39 m,说明洪泽湖水体极度浑浊,光对水体的穿透能力较弱。在表 3.6 中,SDD(Secchi Disk Depth)代表水体透明度,也叫赛克盘深度。三次野外实验获取的透明度区间为 0.17～0.91 m,均值为 0.32 m,远小于洪泽湖的平均水深 1.9 m。说明洪泽湖属于典型的光学深水湖泊。

因为漫衰减系数是以比值的形式定义的,所以并不需要进行绝对值的测量,利用相对值即可得到,更为便利。漫衰减系数受到水下水色三要素的显著影响,因此可以把水色参数和水下光学参数联系起来。将 Chla、TSM、ISM、OSM 与各波段漫衰减系数进行相关性分析,得到相关性系数。图 3.19(b)中 Chla 与漫衰减系数各个波段呈现负相关的关系,且各个波段差别不大。$a_{CDOM}(440)$ 与漫衰减系数则是正相关关系,且相关系数处于中等水平。TSM、ISM 和 OSM 与漫衰减系数各个波段的相关性都较好,在可见光波段接近或者高于 0.8。其中,

TSM、ISM 与漫衰减系数的相关性在可见光波段一度可以达到 0.9。这说明洪泽湖的漫衰减系数显著受到无机悬浮物和总悬浮物浓度的影响，进而进一步决定了水下光场的分布。

表 3.6　洪泽湖野外实验实测漫衰减系数和透明度统计表

参数	最小值	最大值	均值	标准差	变异系数（%）	计数
$K_d(440)$ (m^{-1})	2.29	18.66	8.25	3.83	46.40	78
$K_d(640)$ (m^{-1})	0.84	7.89	3.51	1.60	45.47	78
$K_d(745)$ (m^{-1})	2.60	10.49	6.23	1.71	27.47	78
$K_d(810)$ (m^{-1})	2.01	9.07	5.19	1.54	29.63	78
$STW(K_d)$ (nm)	573	697	640	49.70	7.76	78
$K_d^{tr}(\lambda)_{min}$ (m^{-1})	0.75	7.46	3.40	1.57	46.11	78
$1/K_d^{tr}(\lambda)_{min}$ (m)	0.13	1.33	0.39	0.27	68.23	78
SDD (m)	0.17	0.91	0.32	0.15	47.77	78

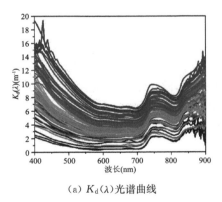

（a）$K_d(\lambda)$光谱曲线

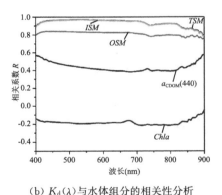

（b）$K_d(\lambda)$与水体组分的相关性分析

图 3.19　洪泽湖水体漫衰减系数及其与水体组分的相关性分析

3.5　本章小结

洪泽湖是典型的以细颗粒（如平均 $D_v^{50} < 17\ \mu m$，平均 $D_A < 7\ \mu m$）无机悬浮物等无机悬浮物为主导的水体。不同水层中光学参数，如吸收、后向散射和衰减系数，均受到 TSM 和 ISM 的显著影响。悬浮物体积浓度和数量浓度粒径谱的

变化,会显著引起水体组分质量浓度和相应吸收、散射、衰减等固有光学特性的变化,并进一步引起表观光学特性的变化,其生物光学框架基础如图 3.20 所示。

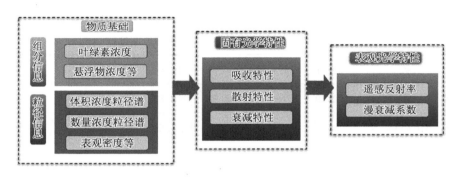

图 3.20　洪泽湖水体生物光学特性框架

洪泽湖水柱中水色要素组分、浓度、粒径和光学特征有着不同的垂向分布特征。从组分来看,水柱中 ISM、TSM 以及 ISM/TSM 随着深度增加不断增大,而 $Chla$ 和 OSM 随着深度不断减小;从粒径来看,洪泽湖水柱中各层悬浮物粒径随着深度增大不断增大;从吸收系数看,$a_p(440)$ 和 $a_{nap}(440)$ 的均值呈现出随深度先减小后增大的趋势,$a_{ph}(440)$ 和 $a_{CDOM}(440)$ 是在垂向上不断减小,而后向散射系数则随着深度的增大不断增大。

为了全面理解、阐述、评价和总结上述变化,本书的研究建立了相关系数矩阵图(在这里把透明度暂时列为表观光学属性)。表 3.7 列举了洪泽湖水体组分信息、粒径信息、固有光学特性和表观光学特性主要指标之间的相关系数 R,来体现它们之间的影响程度和响应关系。本表中,除了后向散射系数为 $n=75$ 个样点,其他均为 $n=78$ 个样点。所以,基于双尾检验,自由度为 $n-2$,要使得 $p<0.05$,R 的绝对值要大于约 0.22;要使得 $p<0.01$,R 的绝对值要大于约 0.29。

对于组分信息,洪泽湖的无机悬浮物浓度与总悬浮物浓度高度相关,$Chla$ 则与其他组分信息为弱的负相关。组分信息中,TSM、ISM、OSM 与粒径的大小信息和平均表观密度为负相关,尤其是平均粒径和中值粒径的负相关性,显著性更高。不仅如此,TSM、ISM、OSM 与粒径谱总数量浓度和总体积浓度为正相关,与单位表面积呈负相关,与表观密度关系不大。这与前人的研究是一致的。$Chla$ 则与粒径信息的关系均不够显著。

由于协相关关系,固有光学参数与粒径的大小信息为负相关,与粒径谱总数量浓度和总体积浓度为正相关,且总颗粒物吸收系数和总衰减系数与总截面积浓度的相关系数分别达到了 0.83 和 0.92。这些关系进一步奠定了与遥感反演有关的光学参数,说明粒径信息显著影响水体的固有光学属性,进而影响到水体的表观光学属性。如粒径大小与波长 675 nm、726 nm、828 nm 处的遥感反射率为负相关,与 670 nm 处的漫衰减系数、漫衰减系数的最小值、漫衰减系数窗口的位置等为负相关,而与透明度为正相关。这些关系,是由于洪泽湖无悬浮物浓度的增加往往伴随着粒径的不断减小,其细小的无机组分占比不断增大,高浓度无机悬浮物强烈的吸收作用和大量小颗粒物强烈的散射作用导致洪泽湖水体透明度显著下降,进一步体现在漫衰减系数和遥感反射率信息上。

表 3.7　洪泽湖水体生物光学参数相关性矩阵

Name	Chla	TSM	ISM	OSM	ISM/TSM	ξ	D_v^{25}	D_v^{50}	D_v^{75}	D_A	$V(D_T)$	$N(D_T)$	$[AC]_t$	$ρ_A$	SSA	$a_p(440)$	$a_{nap}(440)$	$a_{ph}(440)$	$a_{CDOM}(440)$	$b_{bp}(442)$	$b_{bp}(676)$	$c_p(670)$	SDD	$K_d(670)$	$STW(K_d)$	$K_d^{tf}(λ)min$	$1/K_d^{tf}(λ)min$	Rrs(675)	Rrs(726)	Rrs(828)
Chla	1.00																													
TSM	-0.23	1.00																												
ISM	-0.23	1.00	1.00																											
OSM	-0.13	0.85	0.82	1.00																										
ISM/TSM	-0.18	0.50	0.54	0.09	1.00																									
ξ	0.03	0.56	0.55	0.56	0.08	1.00																								
D_v^{25}	0.23	-0.51	-0.51	-0.41	-0.30	-0.39	1.00																							
D_v^{50}	0.10	-0.54	-0.54	-0.47	-0.14	-0.64	0.85	1.00																						
D_v^{75}	0.08	-0.40	-0.40	-0.32	-0.07	-0.64	0.70	0.85	1.00																					
D_A	0.16	-0.58	-0.59	-0.43	-0.34	-0.44	0.92	0.93	0.81	1.00																				
$V(D_T)$	0.00	0.64	0.64	0.59	0.32	0.18	-0.14	-0.10	0.03	-0.15	1.00																			
$N(D_T)$	-0.10	0.85	0.85	0.69	0.39	0.42	-0.46	-0.52	-0.40	-0.56	0.80	1.00																		
$[AC]_t$	-0.09	0.85	0.85	0.72	0.38	0.43	-0.43	-0.48	-0.36	-0.52	0.86	0.99	1.00																	
$ρ_A$	-0.22	0.04	0.05	-0.01	0.09	0.23	-0.48	-0.43	-0.44	-0.46	-0.62	-0.24	-0.30	1.00																
SSA	0.09	-0.61	-0.61	-0.52	-0.56	-0.22	-0.06	-0.11	-0.22	-0.05	-0.59	-0.42	-0.46	0.30	1.00															
$a_p(440)$	-0.20	0.87	0.87	0.78	0.47	0.46	-0.53	-0.52	-0.42	-0.58	0.68	0.82	0.83	-0.04	-0.56	1.00														
$a_{nap}(440)$	-0.27	0.89	0.89	0.76	0.52	0.43	-0.55	-0.51	-0.40	-0.59	0.63	0.79	0.79	0.04	-0.57	0.98	1.00													
$a_{ph}(440)$	0.19	0.38	0.37	0.46	0.03	0.35	-0.22	-0.34	-0.29	-0.29	0.55	0.54	0.56	-0.35	-0.25	0.59	0.43	1.00												
$a_{CDOM}(440)$	-0.01	0.42	0.40	0.46	0.18	0.15	-0.20	-0.16	0.06	-0.20	0.51	0.48	0.50	-0.24	-0.25	0.41	0.35	0.46	1.00											
$b_{bp}(442)$	-0.44	0.55	0.57	0.28	0.73	0.03	-0.35	-0.13	-0.08	-0.32	0.32	0.32	0.32	0.18	-0.39	0.53	0.61	-0.08	0.03	1.00										
$b_{bp}(676)$	-0.37	0.89	0.90	0.68	0.64	0.38	-0.52	-0.43	-0.33	-0.51	0.64	0.71	0.75	0.03	-0.67	0.87	0.89	0.34	0.41	0.77	1.00									
$c_p(670)$	-0.13	0.91	0.91	0.76	0.49	0.47	-0.44	-0.47	-0.35	-0.50	0.83	0.90	0.92	-0.23	-0.62	0.92	0.89	0.56	0.47	0.52	0.87	1.00								
SDD	0.05	-0.73	-0.74	-0.56	-0.75	-0.32	0.39	0.29	0.16	0.43	-0.53	-0.58	-0.59	0.00	0.81	-0.73	-0.74	-0.32	-0.43	-0.81	-0.81	-0.72	1.00							
$K_d(670)$	-0.17	0.95	0.95	0.82	0.48	0.58	-0.50	-0.54	-0.42	-0.57	0.61	0.82	0.82	0.08	-0.58	0.86	0.87	0.38	0.38	0.53	0.85	0.89	-0.71	1.00						
$STW(K_d)$	-0.14	0.84	0.84	0.69	0.47	0.43	-0.62	-0.57	-0.42	-0.67	0.59	0.75	0.75	0.02	-0.47	0.86	0.84	0.51	0.47	0.46	0.84	0.83	-0.70	0.79	1.00					
$K_d^{tf}(λ)min$	-0.18	0.96	0.95	0.82	0.50	0.57	-0.51	-0.54	-0.42	-0.59	0.60	0.81	0.82	0.09	-0.60	0.86	0.88	0.38	0.39	0.56	0.87	0.89	-0.76	0.81	0.81	1.00				
$1/K_d^{tf}(λ)min$	0.06	-0.73	-0.74	-0.58	-0.70	-0.33	0.37	0.29	0.16	0.41	-0.52	-0.57	-0.58	-0.02	0.80	-0.73	-0.74	-0.31	-0.42	-0.70	-0.82	-0.73	0.96	-0.78	-0.68	-0.81	1.00			
Rrs(675)	-0.44	0.69	0.70	0.49	0.55	0.26	-0.41	-0.28	-0.14	-0.41	0.26	0.40	0.39	0.25	-0.57	0.53	0.60	-0.04	0.16	0.75	0.72	0.52	-0.64	0.61	0.58	0.64	-0.63	1.00		
Rrs(726)	-0.30	0.83	0.83	0.66	0.50	0.40	-0.41	-0.37	-0.20	-0.45	0.41	0.57	0.56	0.16	-0.60	0.64	0.69	0.12	0.30	0.78	0.78	0.67	-0.69	0.76	0.69	0.78	-0.68	0.95	1.00	
Rrs(828)	-0.29	0.80	0.80	0.63	0.44	0.38	-0.37	-0.36	-0.21	-0.43	0.38	0.56	0.55	0.16	-0.53	0.60	0.65	0.10	0.23	0.58	0.71	0.64	-0.61	0.73	0.65	0.75	-0.60	0.91	0.98	1.00

组分信息：Chla、TSM、ISM、OSM、ISM/TSM　　粒径信息：ξ～SSA　　固有光学特性：$a_p(440)$～$c_p(670)$　　表观光学特性：SDD～Rrs(828)

第 4 章
基于洪泽湖水体光学特征的辐射传输模拟

历史上水体中辐射传输的研究主要分为两大类：第一类以辐射传输的研究为主，如《水文光学》（Preisendorfer，1976），第二类以海洋光学研究为主，如《海洋光学》（Jerlov，1976）和《水生态系统中的光与光合作用》（Kirk，1994）等。而《光与水：自然水中的辐射传输》将辐射传输和水体光学两者紧密联系起来，构建了与海洋、河口、湖泊、河流等自然水体相适应的辐射传输理论（Mobley，1994）。辐射传输理论总结了天然水的光学特性，建立了辐射传输模型合理的输入参数，给出了可见光在穿过水气界面和水下不同水层时详细的方程式，开发出的数值方法取得的解，是方程式自然逼近的近似值（王旭东，2017）。

4.1 洪泽湖水体分层辐射传输模拟

对于洪泽湖这样的典型内陆 II 类水体而言，影响水体内辐射传输过程的成分主要有纯水、有色溶解有机物、色素颗粒物和非色素颗粒物四种。这些成分的吸收系数和（或）散射系数构成固有光学特性参数且与这些成分的浓度直接相关，最终在水柱中通过辐射传输过程从底层逐层向上传递，形成离水辐亮度或遥感反射率等信息。

本书的研究采用 HYDROLIGHT 6.0.0 软件中适用于内陆 II 类水体的 CASE2 辐射传输模型进行模拟。该软件是根据《光与水：自然水中的辐射传输》（Mobley，1994）描述的辐射传输方程和求解过程（不变目标法），利用 Fortran 语言编写的。该方法通过求解水下不同水层的辐射传输方程获得辐亮度随深度、方向、波长的变化情况，可以计算出任意平面平行的水体内部和离开水体与时间无关的辐射分布（王旭东，2017）。CASE2 是典型四组分辐射传输模拟模型，需要输入纯水、叶绿素 a 浓度、无机悬浮物浓度、有色可溶有机物的特征波段吸收系数数值和对应的固有光学参数（Albert and Mobley，2003）。针对洪泽湖水体的具体逐层辐射传输原理和过程如图 4.1 所示。

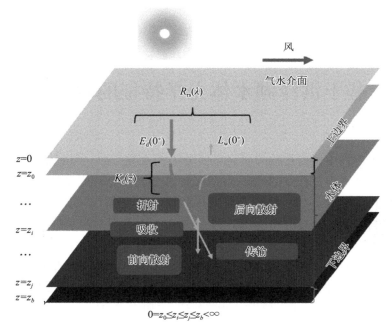

图 4.1　洪泽湖水体逐层辐射传输过程和原理示意图

图 4.1 中,若在水层中某个深度($z = a$)处,忽略水平方向上辐亮度梯度变化,那么在垂向方向上,无内部光源媒介的辐射传输方程可以表示为(Mobley et al., 1993):

$$\cos\theta \frac{\mathrm{d}L(z = a;\theta,\phi;\lambda)}{\mathrm{d}z} =$$

$$\omega(z = a)\int_0^{2\pi}\int_0^{\pi} L(z = a;\theta_0,\phi_0;\lambda)\,\tilde{\beta}(z = a;\theta_0,\phi_0 \to \theta,\phi;\lambda)\mathrm{d}\theta_0\mathrm{d}\phi_0$$

$$- L(z = a;\theta,\phi;\lambda) \tag{4.1}$$

其中,$L(z = a;\theta,\phi;\lambda)$ 表示水柱中水层深度 $z = a$,方向(θ,ϕ)非极化瞬时光谱辐亮度。等号右边第一项,表示由于散射作用,水层中 $L(z = a;\theta_0,\phi_0;\lambda)$ 从方向(θ_0,ϕ_0)散射到方向(θ,ϕ),引起 $L(z = a;\theta_0,\phi_0;\lambda)$ 增大的部分。$\tilde{\beta}(z = a;\theta_0,\phi_0 \to \theta,\phi;\lambda)$ 表示从方向(θ_0,ϕ_0)到方向(θ,ϕ)上的散射相函数。等号右边第二项 $-L(z = a;\theta,\phi;\lambda)$ 表示水层中由于吸收和散射引起的 $L(z = a;\theta,\phi;\lambda)$ 能量的损失,经过水柱中自下而上逐层传递和推导可得刚好位于水表面以上(0^+)的遥感反射率 $R_{rs}(\theta,\phi;\lambda)$,其与各个光学量之间的关系为:

$$R_{rs}(\theta,\phi;\lambda) = \frac{L_w(0^+;\theta,\phi;\lambda)}{E_d(0^+;\lambda)} = \frac{f(\lambda)}{Q(\lambda)} \frac{t^2}{n^2} \frac{b_b(\lambda)}{a(\lambda)+b_b(\lambda)} \qquad (4.2)$$

式中，$L_w(0^+;\theta,\phi;\lambda)$ 表示经过水柱中逐层传递后在方向 (θ,ϕ) 上刚好位于水面以上的离水辐亮度，$E_d(0^+;\lambda)$ 表示刚好位于水面以上的下行辐照度。遥感反射率本身也是水柱中总吸收系数 $a(\lambda)$、总后向散射系数 $b_b(\lambda)$ 和环境光场之间的函数。其中，$f(\lambda)/Q(\lambda)$ 是与光场分布有关的参数，t 为水气界面透过率，n 为水体折射指数。水柱中，位于水面以下的漫衰减系数 $K_d(\lambda)$ 则由公式 3.19 和 3.20 推导而来。

对于 II 类水体，水层 z 中总吸收系数 $a(\lambda,z)$ 可表示为：

$$a(\lambda,z) = a_w(\lambda,z) + a_{ph}(\lambda,z) + a_{nap}(\lambda,z) + a_{CDOM}(\lambda,z) \qquad (4.3)$$

其中，$a_w(\lambda,z)$、$a_{ph}(\lambda,z)$、$a_{nap}(\lambda,z)$、$a_{CDOM}(\lambda,z)$ 分别表征在水层 z 中，纯水吸收系数、色素颗粒物吸收系数、非色素吸收系数和有色可溶有机物吸收系数。$a_{ph}(\lambda,z)$、$a_{nap}(\lambda,z)$ 可以通过下式将水层中色素颗粒物单位吸收系数 $a_{ph}^*(\lambda,z)$ 与 $Chla$、非色素颗粒物单位吸收系数 $a_{nap}^*(\lambda,z)$ 与无机悬浮物浓度联系起来：

$$a_{ph}(\lambda,z) = a_{ph}^*(\lambda,z) \times Chla(\lambda,z) \qquad (4.4)$$

$$a_{nap}(\lambda,z) = a_{nap}^*(\lambda,z) \times ISM(\lambda,z) \qquad (4.5)$$

各个水层 z 中，总散射吸收 $b(\lambda,z)$ 为纯水散射系数 $b_w(\lambda,z)$、色素颗粒物散射系数 $b_{ph}(\lambda,z,Chla)$ 和无机悬浮物的散射系数 $b_{nap}(\lambda,z,ISM)$ 线性之和：

$$b(\lambda,z) = b_w(\lambda,z) + b_{ph}(\lambda,z,Chla) + b_{nap}(\lambda,z,ISM) \qquad (4.6)$$

相对应地，各个水层 z 中，总后向散射吸收 $b_b(\lambda,z)$，为纯水后向散射系数 $b_{bw}(\lambda,z)$、色素颗粒物后向散射系数和非色素颗粒物后向散射系数线性之和：

$$b_b(\lambda,z) = b_{bw}(\lambda,z) + b_{ph}(\lambda,z,Chla) \times \zeta_{ph}(\lambda,z) + b_{nap}(\lambda,z,ISM) \times \zeta_{nap}(\lambda,z)$$
$$(4.7)$$

式中，$\zeta_{ph}(\lambda,z)$ 和 $\zeta_{nap}(\lambda,z)$ 分别表示在水层 z 中，色素颗粒物和非色素颗粒物的后向散射概率（特殊的散射相函数）。由于在垂向上，无机悬浮物浓度值是变化的，那么无机悬浮物散射系数也是变化的；因此，即使无机悬浮物的后向散射概率不随深度变化，无机悬浮物后向散射系数也是随着深度变化的。

本次水体分层辐射传输模型的输入参数除了以上提到的水体各组分浓度、单位吸收系数、散射模型和散射相函数以外，还有环境因素、水体底质的状况，以及天空漫辐射分布等。

环境因素方面：风吹水表的状况是风速和风向的函数，可以影响水气相互作用界面的粗糙度和局部光场环境，HYDROLIGHT 使用 Monte Carlo 模拟方法求解水气交界处复杂的环境变化。

水体底质方面：当水体深度高于透明度三倍及以上时，一般认为底泥对水面以上遥感反射率的影响是微乎其微的(Lodhi et al.，2001)，因此，在洪泽湖平均透明度较低的情况下(Zeng et al.，2020)，其底部反射率可以忽略。

天空光漫辐射分布方面：对于入射在水表面的太阳直接辐射和天空光漫辐射分布，HYDROLIGHT 使用 LOWTRAN7 进行计算。模拟时采用默认设置，在这里选择大气参数为天顶角为 30° 的无云天空。

同时，HYDROLIGHT 包括非弹性散射，如叶绿素荧光和 CDOM 荧光。但是由于洪泽湖主要由无机悬浮物泥沙占据主导，所以这一块并未涉及。

4.2 洪泽湖无机悬浮物浓度垂向分布模式及其对辐射传输的影响分析

4.2.1 洪泽湖水体无机悬浮物浓度垂向分布模拟

在大洋和近岸等较深的水体，由于受到水柱中温跃层或者盐跃层的影响，$Chla$ 和悬浮物浓度一般会在水面以下某层有一个高斯峰。另外，在太湖、巢湖等内陆富营养化湖泊，由于水柱中大量藻类的生长和繁殖，$Chla$ 往往呈现指数分布、对数分布和高斯分布等垂向分布类型，显著影响悬浮物浓度的垂向分布。

但是与以上水体不同，洪泽湖是典型的以无机悬浮物为主导的水体(水柱中 ISM/TSM 约为 87%)，$Chla$ 较低(平均值小于 10 $\mu g/L$)，而 ISM 和 TSM 较高。这可能与以下两个因素有关：一是洪泽湖属于大型过水型湖泊，承接淮河上、中游 15.8 万 km^2 流域面积的来水，流域面积占淮河流域的 83.6%，淮河平均流量 1 110 m^3/s，最大入湖水量为 2.65 万 m^3s，强大的水流裹挟着大量泥沙进入洪泽湖后，由于洪泽湖湖面辽阔，水流放缓，泥沙开始大量淤积、沉降，在沉降过程中，往往粒径较大的颗粒在重力作用下，更容易下沉。二是洪泽湖属于典型的浅水湖泊，平均水深约为 1.9 m，冬季受西北季风影响，夏季受东南季风影响，风力扰动表层水体形成风浪，进一步带动底部水体的垂向运动，底部泥沙再悬浮的作用非常强烈。因此，受高浓度细颗粒无机悬浮物的影响，洪泽湖水体在可见光波段的漫衰减系数较高，这导致了较低的透明度(平均值为 0.32 m)，由于藻类的生长需要光能进行光合作用，所以低的透明度进一步遏制了水面以下藻类的生长。在同样的研究区，Lei et al.（2020a）利用 670 nm 处的颗粒物光束衰减系数 c_p(670) 与总悬浮物浓度的强相关关系($R^2 = 0.83$)构建了总悬浮物的间接反演模型：

$$TSM = 1.524\,5 \times c_p(670) + 0.150\,1 \qquad (4.8)$$

并基于此模型分析了 TSM 垂向剖面的一般分布情况可大致分为垂向均一、指数、对数等分布。将表层总悬浮物浓度按照 10 mg/L 的步长求取平均以后，其垂向分布模式如图 4.2 所示。

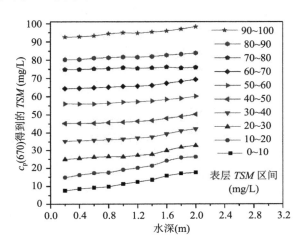

图 4.2　基于 $c_p(670)$ 得到的洪泽湖总悬浮物浓度垂向剖面示意图

Huang et al.(2018)研究了同样以无机悬浮物为主的浑浊湖泊鄱阳湖实测垂向数据，认为悬浮物浓度存在四种垂向非均一分布模式，即指数增大、线性减小、先增大后减小、先减小后增大。其中，从表层到底层，指数增大的增幅约为 130%，线性减小的幅度约为 30%；而先增加后减小时，中层增加的幅度为 100%；先减小后增加时，中层减小的幅度约为 70%。本书的实测数据与其部分类似。

综上，与太湖、巢湖等富含叶绿素 a 浓度的富营养化湖泊不同，洪泽湖水体悬浮物主要受到无机悬浮物的影响，无机悬浮物的再悬浮和沉降作用是影响无机悬浮物垂向分布的重要影响因素。由于在洪泽湖整个水柱中，总悬浮物与无机悬浮物浓度之间的决定系数高达 0.99，且辐射传输模拟中的输入参数为无机悬浮物浓度，所以可利用无机悬浮物浓度进行垂向分布模拟。实地采集表层无机悬浮物浓度（$ISM_{Surface}$）和底层无机悬浮物浓度（ISM_{Lower}）后，可利用以下公式对底层与表层无机悬浮物的比值（$ISM_{L/s}$）进行计算：

$$ISM_{L/s} = \frac{ISM_{Lower}}{ISM_{Surface}} \times 100\% \qquad (4.9)$$

计算后的比值经过统计后，结果如表 4.1 所示。

表 4.1　ISM 随深度 z(m)的垂向分布模式统计表

$ISM_{L/S}$(%)	垂向模式	拟合公式	样点占比(%)
<70	快速减小(FD)	$50.118\,723\times(z+0.1)^{-0.3}$	0.00
70~95	慢速减小(SD)	$-20\times z+100$	12.82
95~105	垂向均一(U)	100	42.31
105~130	慢速增大(SI)	$20\times z+100$	35.90
130~160	快速增大(FI)	$128.767\times(z+0.3)^{0.21}$	3.85
>160	急速增大(VFI)	$19\times\ln(z+0.04)+161.158\,64$	5.13

　　由于入湖河流等地表径流的汇入、河水倒灌和风浪等自然驱动力的介入以及采砂、航运等人为活动的扰动,湖泊底泥再悬浮,使得湖泊水体中的无机悬浮物在垂向方向上非均匀分布(马荣华等,2016)。但是,我们在进行野外原位实验时,为了实验过程的安全,大多是在无风或者风很小的条件下进行的,当风速高于 5 m/s 时,由于风浪太大而不得不返航,实测数据中,大多是一种沉降或稳定的状态,因此有 42.31% 的样点是垂向均一分布,在垂向非均一分布情况下,垂向增大趋势的情况更多一些,$ISM_{L/S}$ 的平均值为 109.42%。综合参考前人的研究(Zhao et al., 2019; Li et al., 2018; Huang and Jiang, 2018; Xue et al., 2017),在模拟研究中,将垂向分布区间进行了适当的外延,采用了以下 6 种垂向分布模式:快速减小(FD)、慢速减小(SD)、垂向均一(U)、慢速增加(SI)、快速增加(FI)、急速增加(VFI),如表 4.1 和图 4.3 所示。对应的函数包括线性模型、对数模型和指数模型等。

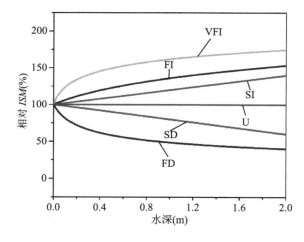

图 4.3　模拟的 6 种洪泽湖 ISM 垂向分布模式

4.2.2　无机悬浮物垂向结构对表观光学量的影响

为了探究不同垂向分布结构对遥感反射率、漫衰减系数等表观光学属性的影响,本书构建了相对差异指数 $\Delta R_{rs}(\lambda)$ 和 $\Delta K_d(\lambda)$ 进行定量评价,其表达式如下。

$$\Delta R_{rs}(\lambda) = \frac{R_{rs}(\lambda)_{vi} - R_{rs}(\lambda)_h}{R_{rs}(\lambda)_h} \times 100\% \tag{4.10}$$

$$\Delta K_d(\lambda) = \frac{K_d(\lambda)_{vi} - K_d(\lambda)_h}{K_d(\lambda)_h} \times 100\% \tag{4.11}$$

式中,$R_{rs}(\lambda)_{vi}$ 和 $K_d(\lambda)_{vi}$ 分别表示五种垂向不均一分布模式(快速减小、慢速减小、慢速增大、快速增大、急速增大)下各个波段的遥感反射率和漫衰减系数。$R_{rs}(\lambda)_h$ 和 $K_d(\lambda)_h$ 为垂向均一分布模式下各个波段的遥感反射率和漫衰减系数。$\Delta R_{rs}(\lambda)$ 和 $\Delta K_d(\lambda)$ 的正负和大小,可以表示垂向不均一与垂向均一条件下的表观光学属性相对差异。请注意,本章节所提及的 ISM 仅表示水体表层(刚好位于水下 0.0 m)无机悬浮物浓度。为了便于横向的比较,本章节模拟数据都设置无机悬浮物后向散射概率 ζ 为 0.024,后向散射斜率 η 为 1.2。

（1）快速减小

如图 4.4,在纯 ISM 条件下[$Chla$ 为 0 μg/L、$a_{CDOM}(440)$ 为 0 m^{-1}],当 ISM 为 4~96 mg/L 时,多条 $\Delta R_{rs}(\lambda)$ 组成了倾斜的"梭子"形状。"梭子"的一头集中在 412 nm 的 1% 左右,"梭子"的另一头集中在 885 nm 的 -4% 左右,而且 750~900 nm 处的 $\Delta R_{rs}(\lambda)$ 可以达到 -2.4% 到 -4%。整体而言,在所有非零 ISM 条件下,$\Delta R_{rs}(\lambda)$ 的曲线基本都是随着波长的增大有数值变小的趋势,但当 ISM 为 4~20 mg/L 时,$\Delta R_{rs}(\lambda)$ 在绿光波段就开始快速变小;当 ISM 为 24~96 mg/L 时,$\Delta R_{rs}(\lambda)$ 在红光波段就开始缓慢变小,在 700~750 nm 波段

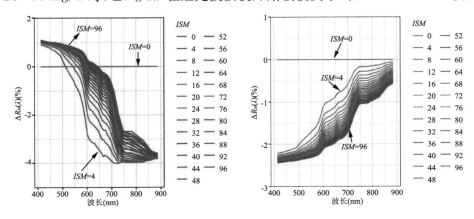

图 4.4　在纯 ISM 条件下,不同 ISM 对应的 $\Delta R_{rs}(\lambda)$ 和 $\Delta K_d(\lambda)$

迅速减小。由此可知,当 ISM 较低时,快速垂向分布模式与垂向均一模式在遥感反射率上最大的差异在红光和近红外波段,而当 ISM 较高时,最大的差异在 $750 \sim 900$ nm 波段。

而 $\Delta K_{\mathrm{d}}(\lambda)$ 在全波段均不大于零,总是在短波段处数值最小,在近红外波段处数值最大。且随着 ISM 逐渐增加,$\Delta K_{\mathrm{d}}(\lambda)$ 数值不断变小,但是整体不小于 -2.5%。

如图 4.5,在 $Chla$ 为 0 μg/L、$a_{\mathrm{CDOM}}(440)$ 为 0.8 m^{-1} 条件下,随着 ISM 浓度从 0 到 96 mg/L 变化,$\Delta R_{\mathrm{rs}}(\lambda)$ 整体上在 -4% 到 0.5% 间变化。当 ISM 为 4 mg/L 时,$\Delta R_{\mathrm{rs}}(\lambda)$ 在各个波段均小于约 -2.5%,与垂向均一模式的差异在各个波段都很明显,其中,在 412 nm 和近红外波段的 $709 \sim 726$ nm 的差异性最大。随着 ISM 增大,$\Delta R_{\mathrm{rs}}(\lambda)$ 在 $400 \sim 500$ nm 开始趋向 0.5%;在 $600 \sim$ 900 nm 处差异性越来越小,且在可见光波段趋向零的速度相比近红外波段更快。例如,当 ISM 位于 $24 \sim 96$ mg/L 时,$\Delta R_{\mathrm{rs}}(\lambda)$ 在 $400 \sim 600$ nm 处的值已经局限于 ±1%,在 $600 \sim 750$ nm 处大约位于区间 $(0, -4\%)$,而在 $750 \sim 900$ nm 处,$\Delta R_{\mathrm{rs}}(\lambda)$ 的绝对值依然高达 2.7% ~ 4%。整体而言,与 ISM 垂向均一相比,当 ISM 小于 44 mg/L 时,垂向 ISM 快速减小的分布模式会引起水面遥感反射率全波段的降低。当 ISM 为 $44 \sim 64$ mg/L 时,绿光波段 $\Delta R_{\mathrm{rs}}(\lambda)$ 开始出现正数并开始向蓝光波段移动;当 ISM 为 $68 \sim 96$ mg/L 时,整个蓝绿波段 $\Delta R_{\mathrm{rs}}(\lambda)$ 均为正数,但是始终没有超过 0.5%。

与 $\Delta R_{\mathrm{rs}}(\lambda)$ 的趋势相反,$\Delta K_{\mathrm{d}}(\lambda)$ 则是在近红外波段更趋近于零,在蓝绿波段绝对值最大,尤其是在蓝光波段,当 ISM 位于 $4 \sim 96$ mg/L 时,绝对值都大于 1%,但是不大于 2.3%,且全波段均为负数。

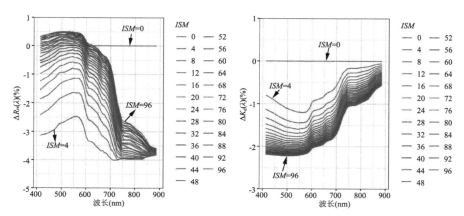

图 4.5　$Chla$ 为 0 μg/L、$a_{\mathrm{CDOM}}(440)$ 为 0.8 m^{-1} 时,不同 ISM 对应的 $\Delta R_{\mathrm{rs}}(\lambda)$ 和 $\Delta K_{\mathrm{d}}(\lambda)$

如图 4.6,当 $Chla$ 为 8 μg/L、$a_{CDOM}(440)$ 为 0.8 m^{-1} 条件下,随着 ISM 浓度从 0 到 96 mg/L 变化,$\Delta R_{rs}(\lambda)$ 整体上在 -3.2% 到 0.5% 间变化。当 ISM 为 4 mg/L 时,$\Delta R_{rs}(\lambda)$ 在各个波段均大于约 -1.5%,与垂向均一模式的差异在各个波段最不明显。有趣的是,随着 ISM 从 8 mg/L 增大到 96 mg/L,可见光波段的 $\Delta R_{rs}(\lambda)$ 开始从 -1% 左右向 0.5% 移动。而在 750~900 nm 的近红外波段,接近 -2% 到 -3%。

ISM 随深度快速减小使得 $K_d(\lambda)$ 相较 ISM 垂向均一的 $K_d(\lambda)$ 在各个波段上数值减小。因此 $\Delta K_d(\lambda)$ 在全波段均不大于零。且随着 ISM 逐渐增加,$\Delta K_d(\lambda)$ 越远离零,表明 $K_d(\lambda)$ 的差异性越大,但是 $\Delta K_d(\lambda)$ 的数值不小于约 2%。

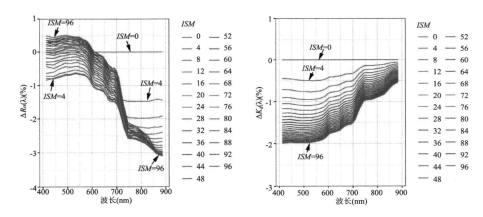

图 4.6　$Chla$ 为 8 μg/L、$a_{CDOM}(440)$ 为 0.8 m^{-1} 时,不同 ISM 对应的 $\Delta R_{rs}(\lambda)$ 和 $\Delta K_d(\lambda)$

（2）慢速减小

如图 4.7,在纯 ISM 条件下[$Chla$ 为 0 μg/L,$a_{CDOM}(440)$ 为 0 m^{-1}],整体而言,在 ISM 为 4~96 mg/L 时,$\Delta R_{rs}(\lambda)$ 的曲线基本都是随着波长的增大有数值变大的趋势,400~600 nm 处的 $\Delta R_{rs}(\lambda)$ 均在 ±1% 以内,在红光波段各个 ISM 条件下,$\Delta R_{rs}(\lambda)$ 的差距比较大,在 700~750 nm 波段 $\Delta R_{rs}(\lambda)$ 迅速减小,750~900 nm 的 $\Delta R_{rs}(\lambda)$ 绝对值较大,且高于 1%,但是低于快速减小模式下的遥感反射率相对差异。

而 $\Delta K_d(\lambda)$ 在全波段均不大于零,总是在短波段处绝对值最大,在近红外波段处绝对值最小,说明 $K_d(\lambda)$ 在短波段处差异较大。随着 ISM 逐渐增加,$\Delta K_d(\lambda)$ 数值不断变小,但是不小于 -1%;当 ISM 为 8~96 时,$\Delta K_d(\lambda)$ 在 ISM 不同时,差距较小,且在蓝光波段差距最小。

如图 4.8,在 $Chla$ 为 0 μg/L、$a_{CDOM}(440)$ 为 0.8 m^{-1} 条件下,随着 ISM 浓度

从 0 到 96 mg/L 变化，$\Delta R_{rs}(\lambda)$ 整体上在 -1.7% 到 0.5% 间变化。当 ISM 为 4 mg/L 时，$\Delta R_{rs}(\lambda)$ 在各个波段均小于约 -1%，与垂向均一模式相比，$R_{rs}(\lambda)$ 在各个波段的差异都很明显，其中，在 550~560 nm 处 $R_{rs}(\lambda)$ 差异性最小。随着 ISM 从 4 mg/L 开始增大到 96 mg/L，$\Delta R_{rs}(\lambda)$ 在蓝绿波段开始趋向正数，但是不大于 0.5%；在红光波段和近红外波段趋近于零。因此，在 ISM 为 4~96 mg/L 时，$\Delta R_{rs}(\lambda)$ 绝对值最大的是近红外波段。

$\Delta K_d(\lambda)$ 则在蓝绿波段绝对值最大，尤其是绿光波段，当 ISM 位于 4~96 mg/L 时，$\Delta K_d(\lambda)$ 的数值均位于 0 到 -1% 之间。

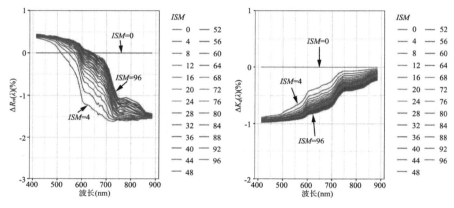

图 4.7 $Chla$ 为 0 μg/L、$a_{CDOM}(440)$ 为 0 m^{-1} 时，不同 ISM 对应的 $\Delta R_{rs}(\lambda)$ 和 $\Delta K_d(\lambda)$

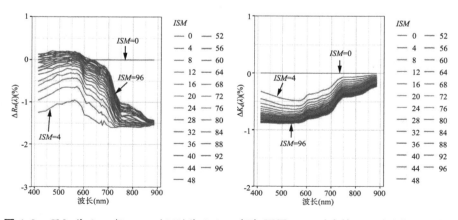

图 4.8 $Chla$ 为 0 μg/L、$a_{CDOM}(440)$ 为 0.8 m^{-1} 时，不同 ISM 对应的 $\Delta R_{rs}(\lambda)$ 和 $\Delta K_d(\lambda)$

如图 4.9，当 $Chla$ 为 8 μg/L、$a_{CDOM}(440)$ 为 0.8 m^{-1} 条件下，随着 ISM 浓度从 0 到 96 mg/L 变化，所有的 $\Delta R_{rs}(\lambda)$ 曲线在蓝绿波段变化较小，约为 $\pm0.3\%$；但是在近红外波 $\Delta R_{rs}(\lambda)$ 绝对值最大，数值约为 -1.5% 到 -0.5%。

此时,在所有 *ISM* 条件下,△*K*$_d$(λ) 在全波段均不大于零,且随着 *ISM* 逐渐增加,△*K*$_d$(λ) 越远离零,表明 *K*$_d$(λ) 的差异性越大,但是 △*K*$_d$(λ) 在数值上不小于约 1%。

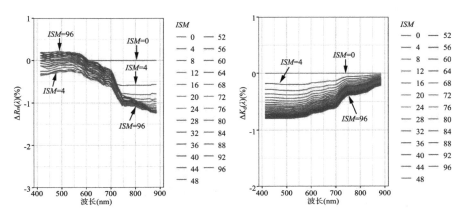

图 4.9　*Chla* 为 8 µg/L,*a*$_{CDOM}$(440)为 0.8 m^{-1}时,不同 *ISM* 对应的 △*R*$_{rs}$(λ)和 △*K*$_d$(λ)

（3）慢速增大

如图 4.10,在纯 *ISM* 条件下[*Chla* 为 0 µg/L,*a*$_{CDOM}$(440)为 0 m^{-1}],当 *ISM* 为 4～96 mg/L 时,△*R*$_{rs}$(λ) 总是随着波长的增大而增大,在−0.5% 到 1.7% 之间变化。且 *ISM* 越大,△*R*$_{rs}$(λ) 在各个波段越小,但是依然在 750～900 nm 波段具有较大的差异性。

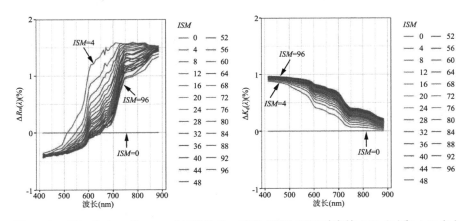

图 4.10　*Chla* 为 0 µg/L,*a*$_{CDOM}$(440)为 0 m^{-1}时,不同 *ISM* 对应的 △*R*$_{rs}$(λ)和 △*K*$_d$(λ)

而 △*K*$_d$(λ) 在全波段均不小于零,且小于 1%。整体上随着波长的增加,△*K*$_d$(λ) 不断减小,在蓝光波段处最大,在近红外波段处最小。

如图 4.11,在 *Chla* 为 0 µg/L、*a*$_{CDOM}$(440)为 0.8 m^{-1}条件下,随着 *ISM* 浓

度从 0 到 96 mg/L 变化，$\Delta R_{rs}(\lambda)$ 整体上在 -0.3% 到 1.7% 之间变化。当 ISM 为 4 mg/L 时，$\Delta R_{rs}(\lambda)$ 在各个波段均小于约 1.7%，与其他 ISM 条件相比，$\Delta R_{rs}(\lambda)$ 最为明显。随着 ISM 从 4 mg/L 增大到 96 mg/L，$\Delta R_{rs}(\lambda)$ 数值曲线在全波段开始变小，且在可见光波段变小的速度相比近红外波段更快。在 750～900 nm 处，$\Delta R_{rs}(\lambda)$ 的数值依然高于 1%。

与 $\Delta R_{rs}(\lambda)$ 的趋势相反，$\Delta K_d(\lambda)$ 则是近红外波段更趋近于零，在蓝绿波段数值最大，尤其是在绿光波段，当 ISM 位于 4～96 mg/L 时，数值都小于 1%。

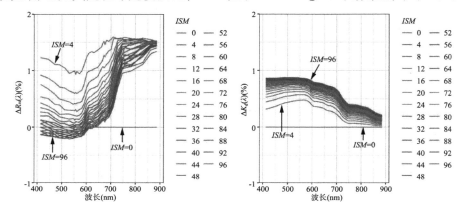

图 4.11 *Chla* 为 0 µg/L、$a_{\mathrm{CDOM}}(440)$ 为 0.8 m^{-1} 时，不同 ISM 对应的 $\Delta R_{rs}(\lambda)$ 和 $\Delta K_d(\lambda)$

如图 4.12，当 *Chla* 为 8 µg/L、$a_{\mathrm{CDOM}}(440)$ 为 0.8 m^{-1} 条件下，随着 ISM 浓度的梯度变化，$\Delta R_{rs}(\lambda)$ 整体上在 -0.5% 到 1.5% 之间变化，且波长越小，$\Delta R_{rs}(\lambda)$ 越小，波长越大，$\Delta R_{rs}(\lambda)$ 越大，最高位于 750～900 nm 处。

$\Delta K_d(\lambda)$ 在全波段均不大于 1%。且随着 ISM 逐渐增加，$\Delta K_d(\lambda)$ 越远离零，表明 $K_d(\lambda)$ 的差异性越大。

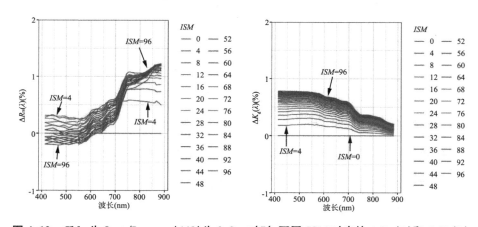

图 4.12 *Chla* 为 8 µg/L、$a_{\mathrm{CDOM}}(440)$ 为 0.8 m^{-1} 时，不同 ISM 对应的 $\Delta R_{rs}(\lambda)$ 和 $\Delta K_d(\lambda)$

（4）快速增大

如图 4.13，在纯 *ISM* 条件下［*Chla* 为 0 μg/L，$a_{\text{CDOM}}(440)$ 为 0 m^{-1}］，当 *ISM* 为 0~96 mg/L 时，$\Delta R_{\text{rs}}(\lambda)$ 在 −1% 到 3.5% 之间变化，且在 412 nm 处较为集中在 −0.8%，而在 885 nm 处集中在 3% 左右，很明显在近红外波段 $R_{\text{rs}}(\lambda)$ 的差异性最大。当 *ISM* 从 4 mg/L 变化到 96 mg/L 时，各个波段的 $\Delta R_{\text{rs}}(\lambda)$ 数值逐渐变小，且在红光波段减小的幅度最大，近红外波段次之，蓝绿波段减小的幅度最小。

$\Delta K_d(\lambda)$ 在全波段数值位于 0 到 2% 之间，且当 *ISM* 为 4~96 mg/L 时，$\Delta K_d(\lambda)$ 总是在短波段处最大，在近红外波段处最接近于零。随着 *ISM* 逐渐增加，$\Delta K_d(\lambda)$ 数值不断变大，但是不大于 2%。

如图 4.14，在 *Chla* 为 0 μg/L、$a_{\text{CDOM}}(440)$ 为 0.8 m^{-1} 条件下，随着 *ISM* 浓度从 0 到 96 mg/L 变化，$\Delta R_{\text{rs}}(\lambda)$ 整体上在 −0.5% 到 3.2% 之间变化。当 *ISM* 为 4 mg/L 时，$\Delta R_{\text{rs}}(\lambda)$ 在各个波段约位于 1.8% 到 3.2% 之间，与垂向均一模式相比，$R_{\text{rs}}(\lambda)$ 各个波段最为明显。随着 *ISM* 增大，$\Delta R_{\text{rs}}(\lambda)$ 在全波段开始趋向零，且在可见光波段趋向零的速度相比近红外波段更快。而在 750~900 nm 处，$\Delta R_{\text{rs}}(\lambda)$ 的绝对值依然高达 2%~3.2%。整体而言，与 *ISM* 垂向均一模式相比，当 *ISM* 小于 44 mg/L，垂向 *ISM* 快速减小的分布模式整体而言会引起水面遥感反射率的升高。当 *ISM* 为 44~64 mg/L 时，绿光波段 $\Delta R_{\text{rs}}(\lambda)$ 开始出现负数并开始向蓝光波段移动，当 *ISM* 为 68~96 mg/L 时，整个蓝绿波段 $\Delta R_{\text{rs}}(\lambda)$ 均为负数，但是始终没有更小于 −0.5%。

$\Delta K_d(\lambda)$ 在近红外波段更趋近于零，在蓝绿波段数值最大，尤其是在蓝光波段，当 *ISM* 位于 4~96 mg/L 时，绝对值都大于 0%，但是不大于 2%，且随着 *ISM* 的增大，蓝绿波段增加得最快，其次是红光波段，最后是近红外波段。

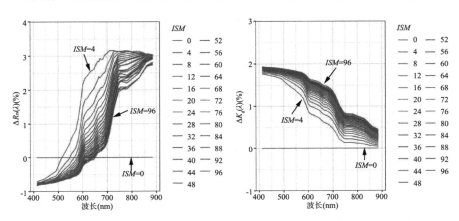

图 4.13　*Chla* 为 0 μg/L、$a_{\text{CDOM}}(440)$ 为 0.8 m^{-1} 时，不同 *ISM* 对应的 $\Delta R_{\text{rs}}(\lambda)$ 和 $\Delta K_d(\lambda)$

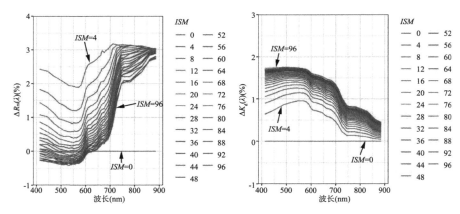

图 4.14 *Chl*a 为 0 μg/L、$a_{\text{CDOM}}(440)$ 为 0.8 m⁻¹ 时，不同 *ISM* 对应的 $\Delta R_{rs}(\lambda)$ 和 $\Delta K_d(\lambda)$

　　如图 4.15，在 *Chl*a 为 8 μg/L、$a_{\text{CDOM}}(440)$ 为 0.8 m⁻¹、*ISM* 浓度从 0 到 96 mg/L 变化条件下，$\Delta R_{rs}(\lambda)$ 整体上在 −0.5% 到 2.5% 之间变化。随着 *ISM* 从 4 mg/L 增大到 96 mg/L，蓝绿波段的 $\Delta R_{rs}(\lambda)$ 开始从 0.5% 左右向 −0.5% 移动。而在 800~900 nm 的近红外波段，$\Delta R_{rs}(\lambda)$ 开始从 1.1% 向 2.4% 移动。

　　ISM 随深度快速增大使得 $K_d(\lambda)$ 相较 *ISM* 垂向均一模式的 $K_d(\lambda)$ 在各个波段上数值增大，影响了光在水下进一步向下的传播。因此，$\Delta K_d(\lambda)$ 在全波段均大于零。且随着 *ISM* 逐渐增加，$\Delta K_d(\lambda)$ 越远离零，表明 $K_d(\lambda)$ 的差异性越大，但是 $\Delta K_d(\lambda)$ 在数值上不大于约 1.6%。

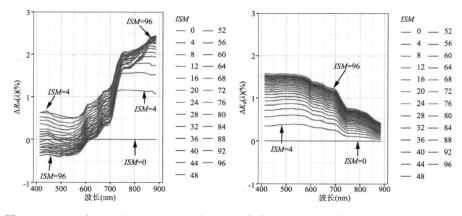

图 4.15 *Chl*a 为 8 μg/L、$a_{\text{CDOM}}(440)$ 为 0.8 m⁻¹ 时，不同 *ISM* 对应的 $\Delta R_{rs}(\lambda)$ 和 $\Delta K_d(\lambda)$

　　(5) 急速增大

　　如图 4.16，在纯 *ISM* 条件下［*Chl*a 为 0 μg/L，$a_{\text{CDOM}}(440)$ 为 0 m⁻¹］，整体而言，当 *ISM* 为 4~96 mg/L 时，$\Delta R_{rs}(\lambda)$ 曲线的量级不断下降，且下降幅度最大

是在红光波段。蓝光 412 nm 波段的 $\Delta R_{rs}(\lambda)$ 集中在 -1.1% 左右，近红外 885 nm 波段的 $\Delta R_{rs}(\lambda)$ 集中在 4.3% 左右。当 ISM 较低，为 $4 \sim 12$ mg/L 时，ISM 极速垂向增加分布模式与垂向均一模式在遥感反射率上的最大差异出现在红光和近红外波段；当 ISM 大于 44 mg/L 时，蓝绿波段处的 $\Delta R_{rs}(\lambda)$ 变为了负数，且不小于 -1.2%；当 ISM 高于 48 mg/L 时，ISM 极速垂向增加分布模式与垂向均一模式在遥感反射率上的最大差异出现在 $750 \sim 900$ nm 波段。整体而言，不同 ISM 条件对 $R_{rs}(\lambda)$ 影响最大的是近红外波段。

$\Delta K_d(\lambda)$ 在全波段均不大于 3%，总是在短波段处最大，在近红外波段处最小。且随着 ISM 逐渐增加，$\Delta K_d(\lambda)$ 在数值不断变小，但是整体上不大于 3%。

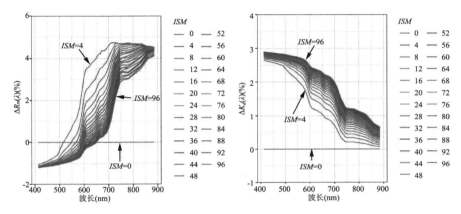

图 4.16　$Chla$ 为 0 μg/L、$a_{CDOM}(440)$ 为 0 m^{-1} 时，不同 ISM 对应的 $\Delta R_{rs}(\lambda)$ 和 $\Delta K_d(\lambda)$

如图 4.17，在 $Chla$ 为 0 μg/L、$a_{CDOM}(440)$ 为 0.8 m^{-1} 条件下，随着 ISM 浓度从 0 到 96 mg/L 变化，$\Delta R_{rs}(\lambda)$ 整体上在 -0.5% 到 4.8% 之间变化。当 ISM 为 4 mg/L 时，$\Delta R_{rs}(\lambda)$ 在各个波段均大于约 2.8%，与垂向均一模式相比，$R_{rs}(\lambda)$ 差异在各个波段最为明显。随着 ISM 增大，$\Delta R_{rs}(\lambda)$ 在全波段数值上开始不断减小，且在可见光波段降低得最快，甚至降为负数，在近红外波段降低得较慢。整体而言，$\Delta R_{rs}(\lambda)$ 最大值依然出现在 $750 \sim 900$ nm 处的近红外波段。

$\Delta K_d(\lambda)$ 在所有 ISM 条件下，数值区间为 $0 \sim 2.6\%$，在蓝绿波段绝对值最大，尤其是在绿光和蓝光波段；在红光波段次之，在近红外波段最小。

如图 4.18，在 $Chla$ 为 8 μg/L、$a_{CDOM}(440)$ 为 0.8 m^{-1} 条件下，随着 ISM 浓度从 0 到 96 mg/L 变化，$\Delta R_{rs}(\lambda)$ 整体上在 -0.7% 到 3.6% 之间变化。随着 ISM 从 4 mg/L 增大到 96 mg/L，可见光波段的 $\Delta R_{rs}(\lambda)$ 开始逐渐变小。而在 $750 \sim 900$ nm 的近红外波段，当 ISM 位于 $0 \sim 28$ mg/L 时，$\Delta R_{rs}(\lambda)$ 先增大，当 ISM 位于 $32 \sim 96$ mg/L 时，$\Delta R_{rs}(\lambda)$ 开始减小。

$\Delta K_d(\lambda)$ 在全波段均不大于 2.6%。且随着 ISM 逐渐增加，$\Delta K_d(\lambda)$ 越远离零，表明 $K_d(\lambda)$ 的差异性越大。

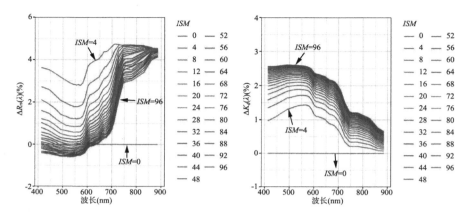

图 4.17 $Chla$ 为 $0 \, \mu g/L$、$a_{CDOM}(440)$ 为 $0.8 \, m^{-1}$ 时，不同 ISM 对应的 $\Delta R_{rs}(\lambda)$ 和 $\Delta K_d(\lambda)$

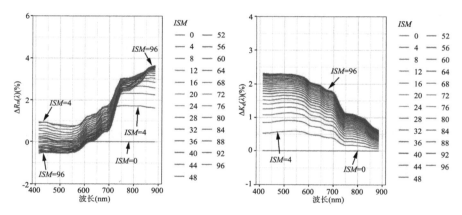

图 4.18 $Chla$ 为 $8 \, \mu g/L$、$a_{CDOM}(440)$ 为 $0.8 \, m^{-1}$ 时，不同 ISM 对应的 $\Delta R_{rs}(\lambda)$ 和 $\Delta K_d(\lambda)$

4.3 洪泽湖水体固有光学特性分层模拟

4.3.1 不同水层纯水的吸收和散射特性模拟

纯水的吸收系数和散射系数分别采用 Pope 等(1997)和 Morel (1974)的测量结果，如图 4.19 所示，且不同水层中纯水的吸收系数和散射系数是一样的。

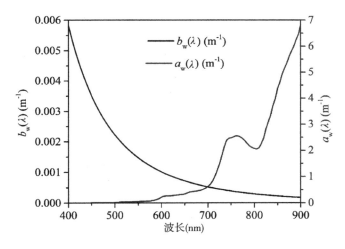

图 4.19　纯水的吸收和散射光谱

4.3.2　不同水层 CDOM 吸收特性模拟

CDOM 的吸收主要集中在蓝光和紫外光波段,其吸收系数遵循指数衰减规律,可以用下式表示:

$$a_{\text{CDOM}}(\lambda) = a_{\text{CDOM}}(\lambda_0)\exp(-S(\lambda - \lambda_0)) \qquad (4.12)$$

式中,λ_0 为参考波长,一般选择 440 nm;S 是衰减斜率,S 值在这里取洪泽湖实测采样点的平均值 0.014。本模拟研究中,不同水层 CDOM 的吸收是一样的。

4.3.3　不同水层色素颗粒物的吸收和散射特性模拟

色素颗粒物单位吸收系数 $a_{\text{ph}}^*(\lambda)$(m^2/mg)是色素颗粒物吸收系数 $a_{\text{ph}}(\lambda)$(m^{-1})与对应叶绿素 a 浓度 $Chla$($\mu\text{g/L}$)的比值,可用以下公式表示:

$$a_{\text{ph}}^*(\lambda) = \frac{a_{\text{ph}}(\lambda)}{Chla} \qquad (4.13)$$

洪泽湖主要由惠氏微囊藻(*Microcystis Wesenbergii*)主导,占浮游藻类总丰度的近 90%(Ren et al.,2014)。图 4.20 为洪泽湖测得的色素颗粒物单位吸收系数平均光谱曲线,色素颗粒物单位吸收系数分别在 620 nm 附近和 675 nm 附近有一个吸收峰。这两个吸收峰分别是由藻蓝蛋白和叶绿素 a 的吸收作用引起的。在 675 nm 之后,吸收系数基本呈现下降的趋势,800~900 nm 处的数值是通过外插得到的。

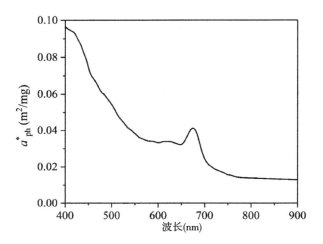

图 4.20　洪泽湖色素颗粒物单位吸收系数平均光谱曲线

色素颗粒物散射模型选用最常见的 Gordon‐Morel 模型(Gordon et al.，1983)：

$$b_{ph}(\lambda) = 0.3 \times Chla^{0.62} \left(\frac{\lambda}{550}\right)^{-1} \tag{4.14}$$

由于在以悬沙为主导的洪泽湖，$Chla$ 对洪泽湖水体光学特性的影响较为微弱，因此可将其指数位置设置为固定值。本书选用本实验室在以藻类为主导的太湖多年原位实验和室内藻类固有光学实验得到的后向散射概率数值 0.006(黄昌春等，2012a)，也就是 $\zeta_{ph}(\lambda, z) = 0.006$ 。在本模拟研究中，不同水层色素颗粒物的吸收、散射及后向散射概率是一样的。

4.3.4　不同水层非色素颗粒物的吸收和散射特性模拟

洪泽湖非色素颗粒物单位吸收系数 $a_{nap}^{*}(\lambda)$ (m^2/g) 是非色素颗粒物吸收系数 $a_{nap}(\lambda)$ (m^{-1}) 与对应无机悬浮物浓度(ISM) (mg/L) 的比值：

$$a_{nap}^{*}(\lambda) = \frac{a_{nap}(\lambda)}{ISM} \tag{4.15}$$

图 4.21 为洪泽湖测得的非色素颗粒物单位吸收系数平均光谱曲线。从图中可以看出，其光谱呈现典型的指数衰减趋势，其中，800～900 nm 处的曲线是通过外插得到的。

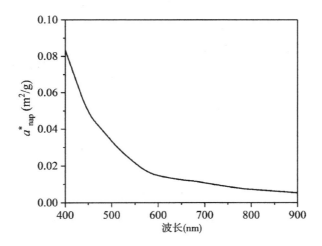

图 4.21　洪泽湖非色素颗粒物单位吸收系数平均光谱曲线

根据光学闭合原理,颗粒物衰减系数为颗粒物吸收系数和颗粒物散射系数之和,因此在 670 nm 处有:

$$b_p(670) = c_p(670) - a_p(670) \qquad (4.16)$$

在洪泽湖绝大多数样点中,绝大部分的散射贡献来自无机悬浮物,由实测数据可知(图 4.22),在洪泽湖整个水柱中,无机悬浮物浓度与 $b_p(670)$ 有如下关系:

$$b_p(670) = 1.867\,4 \times ISM^{0.745} \qquad (4.17)$$

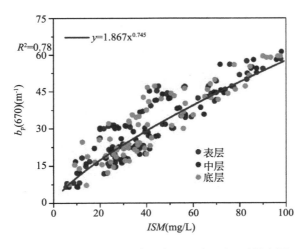

图 4.22　洪泽湖不同水层中 ISM 与 $b_p(670)$ 散点图

假设在洪泽湖水体中,颗粒物总散射 $b_p(\lambda)$ 绝大多数是由无机悬浮物总散射 $b_{nap}(\lambda)$ 贡献的,也就是 $b_{nap}(\lambda) \approx b_p(\lambda)$,选用和色素颗粒物一样的散射模型的形式,参考波长选择 400~900 nm 中心附近 670 nm,重新率定系数后,散射模型如下:

$$b_{nap}(\lambda) = 1.867\ 4 \times ISM^{0.745} \left(\frac{\lambda}{670}\right)^{-\eta} \tag{4.18}$$

对于无机悬浮物后向散射斜率 η 的取值,遍历范围为 0.4~2.4,步长为 0.4,一共 6 种情况。在本实验中,HS-6P 后向散射仪实测了 6 个波段的后向散射系数,由于 670 nm 和 676 nm 在光谱上的位置十分接近,因此选用 $b_{bp}(676)$ 来代替 $b_{bp}(670)$。在 670 nm 处,后向散射概率 $\widetilde{b}_{bp}(670)$ 定义为:

$$\widetilde{b}_{bp}(670) = \zeta_{bp}(670) = \frac{b_{bp}(670)}{b_p(670)} \tag{4.19}$$

计算出来的 $\widetilde{b}_{bp}(670)$ 直方图如图 4.23 所示。

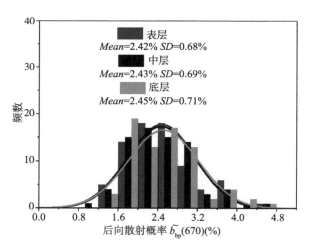

图 4.23 洪泽湖不同水层中 $\widetilde{b}_{bp}(670)$ 分布直方图

同样,假设在洪泽湖水体中,颗粒物后向散射 $b_{bp}(\lambda)$ 绝大部分是由无机悬浮物后向散射 $b_{bnap}(\lambda)$ 贡献的,也就是 $b_{bnap}(\lambda) \approx b_{bp}(\lambda)$。有研究认为,后向散射概率是与波长相关的(Aas et al.,2005),也有研究假设全波段不同水层后向散射概率是一样的(Xue et al.,2017)。本研究则假设不同水层后向散射概率与波长分布无关:

$$\zeta_{nap}(\lambda, z) = \frac{b_{bnap}(\lambda)}{b_{nap}(\lambda)} \tag{4.20}$$

针对 ζ（如未作特殊说明，本书中无下标单独 ζ 符号表示无机悬浮物后向散射概率）的选取，黄昌春等人（2012a）研究认为太湖无机悬浮物后向散射概率为 0.022，Huang et al.（2018）认为，以无机悬浮物为主导的鄱阳湖，无机悬浮物后向散射概率为 0.025。根据图 4.23，并综合前人的经验，本研究认为在洪泽湖各个水层中，后向散射概率的平均值在 0.024 左右，这也和前人的研究一致。但是因为在 ζ 在实测样点中差异性较大，因此，以 0.004 为步长遍历 0.012 到 0.04 的共 8 种情况，来进一步分析 ζ 对遥感反射率的影响。

在本次模拟中，后向散射概率是垂向均一分布的。但是因为在垂向上无机悬浮物浓度是随着深度变化而变化的，所以，无机悬浮物的吸收系数、散射系数及后向散射系数也会随着深度的变化而变化。

4.4　洪泽湖水体辐射传输模拟数据集生成

4.4.1　洪泽湖水体分层辐射传输模拟参数设置

（1）叶绿素 a 浓度动态范围

课题组自 2016—2018 年收集了三期洪泽湖 $Chla$，包含了春、秋、冬三个季节，范围为 0.26～29.94 $\mu g/L$。$Chla$ 在水柱中各个水层的浓度分布直方图如图 4.24 所示，因此，$Chla$ 的拟合上下限为 40 $\mu g/L$ 和 0 $\mu g/L$，步长设置为 4 $\mu g/L$。

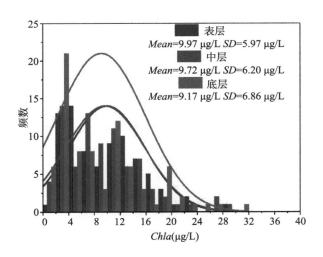

图 4.24　不同水层 Chla 分布直方图

（2）无机悬浮物浓度动态范围

图 4.25 为洪泽湖水柱中不同水层实测 *ISM* 分布直方图，总的数值范围为 5.45～98.00 mg/L。因此近似地，选用的 *ISM* 输入范围为 0～96 mg/L，步长为 4 mg/L。

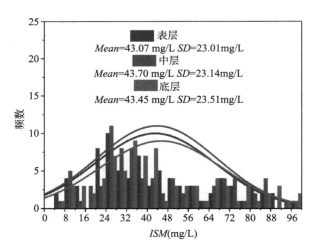

图 4.25　不同水层 *ISM* 分布直方图

（3）$a_{CDOM}(440)$ 动态范围

洪泽湖实测 $a_{CDOM}(440)$ 范围为 0.17～2.3 m^{-1}，其分布直方图如图 4.26 所示，98.72% 的 $a_{CDOM}(440)$ 数值小于 2 m^{-1}。因此，$a_{CDOM}(440)$ 的输入范围为 0～2 m^{-1}，步长为 0.4 m^{-1}。

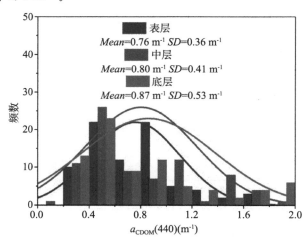

图 4.26　不同水层 $a_{CDOM}(440)$ 分布直方图

基于以上分析,建立水色参数浓度查找表所需要的主要参数以及其他外界环境因素和底质边界条件设置如表 4.2 所示。

表 4.2　HYDROLIGHT 输入参数表

水体组分	纯水	吸收/散射系数	参考 Pope,1997; Morel,1974 的研究
	叶绿素 a (色素颗粒物)	单位吸收系数	实测,如图 4.20 所示
		散射模型	Gordon 等,1983
		$\zeta_{ph}(\lambda,z)$	0.006
		浓度($\mu g/L$)	取值为 0~40;步长为 4
	无机悬浮物 (非色素颗粒物)	单位吸收系数	实测,如图 4.21 所示
		散射模型 η	实测,按公式(4.18)计算; 取值为 0.4~2.4;步长为 0.4
		$\zeta_{nap}(\lambda,z)$	取值为 0.012~0.04;步长为 0.004
		浓度(mg/L)	取值为 0~96;步长为 4;6 种垂向模式
	CDOM	$a_{CDOM}(440)$(m^{-1})	取值为 0~2;步长为 0.4
		S 值	实测(0.014)
外界环境因素	太阳天顶角		30°
	云量		0,表示无云
	风速		3 m/s
	水气界面折射率		1.34
底质边界条件	水深		无限光学水深

4.4.2　洪泽湖水体辐射传输模拟结果合理性分析

为了探究无机悬浮物水下不同分布模式、不同无机悬浮物粒径分布模式(用不同的后向散射斜率 η 来表示)对特征波段的遥感反射率的影响,同时兼顾查找表的大小和各个输出波段的代表性,最终选择了覆盖现役哨兵 3/OLCI、COMS/GOCI、NPP/VIIRS 和 aqua/MODIS 特征波段的具有代表性的 34 个波段。虽然 OLCI 传感器从可见光到近红外波段一共设置有 21 个波段,但是位于 400 nm±7.5 nm 的深蓝波段因为在内陆湖泊的大气矫正效果往往很差,所以进行了舍弃;位于 761.8 nm 附近氧气吸收波段的 762 nm、764 nm 和 768 nm 因为受到氧气吸收的影响也进行了舍弃;位于近红外波段的 900 nm、940 nm 和 1 020 nm 被舍弃主要有以下两个原因,一是传感器上这些波段的信噪比太低,二是这些波段已经超出了实验室测量的固有/表观光学参数的可信量程。最终输出的 34 个波段覆盖了 OLCI 的 14 个波段，具体的输出波段如表 4.3 所示。

表 4.3　输出波长与现役传感器中心波长参照表

输出波长	OLCI	GOCI	MODIS	VIIRS
412	412	412	412	
443	443	443		
469			469	
490	490	490		486
510	510			
530				
545				
551				551
555		555	555	
560	560			
570				
580				
590				
600				
608				
620	620			
629				
645			645	
660		660		
665	665			
670				671
674	674			
681	681	680		
690				
700				
709	709			
726				
745		745	748	745

输出波长	OLCI	GOCI	MODIS	VIIRS
754	754			
779	779			
828				
859			859	
865	865	865	869	862
885	885			

因此，基于辐射传输模型的查找表输出量包括以上 34 个波段的水表面以上遥感反射率和仅次于水表的水下漫衰减系数。其对应的水质和光学参数具体包括叶绿素 a 浓度（$Chla$，11 种）、$a_{CDOM}(440)$（6 种）、无机悬浮物浓度（ISM，25 种）及其后向散射概率（ζ，8 种）、后向散射斜率（η，6 种）、垂向分布模式（V，6 种）。因此，该查找表共 $11 \times 6 \times 25 \times 8 \times 6 \times 6 = 47.52$ 万条数据。为了进一步进行质量控制，验证该查找表的合理性，在这里基于实测数据对查找表进行验证。

对于实测 ζ 而言，其误差来源较广，包括利用 LISST - 100X 激光粒度仪独立测量的 $c_p(670)$，利用 HS - 6P 后向散射仪独立测量的 $b_{bp}(676)$ 和利用实验室 QFT 方法独立测量的 $a_p(670)$，ζ 的实测计算值范围大多数位于 $0.012 \sim 0.04$。而 η 用不同波段计算出的结果变异性也比较大，大多数数值在 $0.6 \sim 2.6$ 之间。因此，这两个参数可通过反向查找来确定其动态范围是否与实测数据具有一致性，思路如下。

首先，在水色查找表和实测数据中，令水色三要素浓度和无机悬浮物垂向分布模式相匹配，也就是 $Chla$、$a_{CDOM}(440)$、表层 ISM 和 V 这四个参数一一匹配。

其次，由于 ζ 主要影响遥感反射率的量级，因此，通过从 0.012 到 0.04 遍历 8 种 ζ，利用 34 个波段总的 MAPE 指标，得到最优的 ζ 匹配结果。

最后，基于最优的 ζ，继续从 0.4 到 2.4 遍历 6 种 η，再次利用 34 个波段总的 MAPE 指标，得到最优的 η 匹配结果。

图 4.27(a) 和 (b) 分别表示实测和查找表中对应的结果，两者非常相似。34 个波段的遥感反射率 MAPE 数值区间为 $2.8\% \sim 16.6\%$，平均值为 7.19%；具体到每个波段，RMSE 均小于 0.004 Sr^{-1}，考虑到 MAPE 可以在一定程度上消除各个波段之间量级上的偏差，因此就 MAPE 指标来说，匹配较佳的是 $450 \sim 750$ nm 波段。

进一步地，与实测数据匹配的结果中，ζ 的数值区间为 $0.016 \sim 0.04$，其取值范围与实测 ζ 范围非常接近。与实测计算值相比，有 92% 的实测样点的 MAPE

值为 27.6％，RMSE 为 0.008 5。与悬浮物粒径分布有关的 η 取值区间为 0.8～2.0，与用多个波段实测后向散射系数拟合得到的 η 值取值区间接近，且与利用米氏散射模型（公式 3.2）计算出的理论 η 区间也比较接近。

需要注意的是，由于查找表中各个参数有一定的步长，如水色三要素中，$Chla$、ISM 和 $a_{CDOM}(440)$ 的步长分别是 4 $\mu g/L$、4 mg/L 和 0.4 m^{-1}，而实测数据与查找表匹配的时候是就近取值匹配的，因此，以上误差可认为是在允许的范围之内。所以，已构建的查找表具有一定的代表性和合理性，可以作为进一步进行无机悬浮物三维遥感反演的可靠依据。

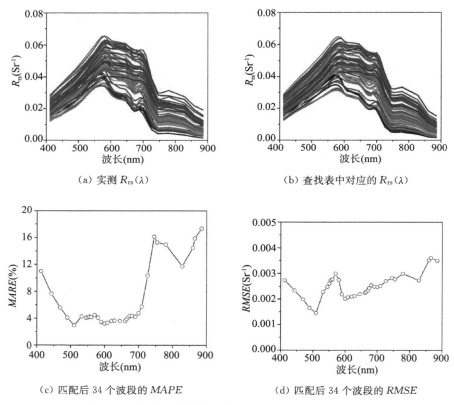

（a）实测 $R_{rs}(\lambda)$ （b）查找表中对应的 $R_{rs}(\lambda)$

（c）匹配后 34 个波段的 MAPE   （d）匹配后 34 个波段的 RMSE

图 4.27　实测及查找表中的 R_{rs} 和匹配的 MAPE、RMSE

4.5　本章小结

本章根据洪泽湖水体的实测水质数据，确定了水色三要素浓度动态范围；根据洪泽湖实测固有光学参数率定了相对应的吸收和散射模型；构建了快速减小、慢速减小、垂向均一、慢速增大、快速增大，急速增大，共 6 种垂向分布模式；叶绿素 a 浓度范围为 $0 \sim 40$ mg/L，步长设置为 4 mg/L；$a_{CDOM}(440)$ 数值范围为 $0 \sim$ 2 m^{-1}，步长设置为 0.4 m^{-1}；无机悬浮物浓度范围为 $0 \sim 96$ mg/L，步长设置为 4 mg/L；无机悬浮物后向散射概率范围为 $0.012 \sim 0.04$，步长设置为 0.004；无机悬浮物后向散射斜率范围为 $0.4 \sim 2.4$，步长设置为 0.4；构建的查找表共计 47.52 万条数据。虽然受到各个输入参数步长的影响，但是与近似的实测数据相比，两者遥感反射率总的 MAPE 为 7.19%，具有非常高的相似性，由此证明了该查找表的合理性。

本实验用后向散射斜率 η 变化来表征粒径谱斜率 ξ 的变化。如当 η 从 0 变化到 3.2 时，遥感反射率会以参考波长为界，在 $400 \sim 670$ nm 处变大，在 $670 \sim$ 900 nm 处不断变小。而漫衰减系数也一样，当 η 从 0 变化到 3.2 时，在 $400 \sim$ 670 nm 处不断变大，在 $670 \sim 900$ nm 处不断变小。

无机悬浮物垂向结构对表观光学量的影响则更为复杂。但是基本的规律可以总结为：在非零表层无机悬浮物浓度条件下，近红外波段，尤其是 $750 \sim$ 900 nm 处 $\Delta R_{rs}(\lambda)$ 的绝对值往往最大，而在短波段，如蓝绿波段的 $\Delta K_d(\lambda)$ 绝对值往往较大。且总体来说，在同等条件下，垂向非均一与垂向均一相比，遥感反射率的总体差异会大于漫衰减系数的总体差异。

因此，基于以上分析，本书研究拟采用遥感反射率在不同水色三要素和不同无机悬浮物浓度垂向分布条件下的差异性和敏感波段，来构建无机悬浮物浓度垂向遥感估算方法。

第 5 章
无机悬浮物浓度垂向分布的遥感估算

由于构建的查找表体量巨大，直接逐像元匹配反演耗时较长。因此，为了逐步降低查找的条数，不断缩小查找表，在保证匹配精度的情况下，提高查找的效率，本章尝试用逐步降维的方法，逐像元地估算无机悬浮物的表层浓度和垂向分布，最后将该算法应用于高质量的 OLCI 数据，探究洪泽湖各层无机悬浮物浓度和柱浓度的月变化规律。

5.1 估算算法流程

从模拟数据集中抽取表层 ISM、$Chla$ 和 $a_{\mathrm{CDOM}}(440)$ 均不为 0 的数据形成查找表，此时查找表共有数据 34.56 万条。拟基于 OLCI 数据逐像元进行遥感估算的基本思路如表 5.1 所示。

表 5.1 遥感估算无机悬浮物浓度三维分布的基本思路

步骤	关键描述	核心算法	目的
1	模糊匹配表层 ISM 和 $Chla$	逐步回归模型	降低该像元需要匹配的查找表条数为最多 3.6 万条
2	模糊匹配量级和形状	SRMSE	进一步降低查找表条数，保留 6 条模糊解
3	重点匹配形状	OSAM	给出最优匹配结果
4	判断匹配相似度	P	若匹配相似度 $P<70\%$ 则舍弃该像元
5	计算逐层 ISM	公式 5.4 至公式 5.9	得到无机悬浮物三维浓度
6	计算 $CMISM$	公式 5.10 至公式 5.15	得到无机悬浮物柱浓度
7	根据相近相似原则弥补缺失值	3×3 均值滤波	假设实际水面小范围水体具有垂向分布的一致性，以平滑输出结果
8(可选)	转换为 TSM	公式 5.16 至公式 5.17	根据需求转换为三维 TSM 及其柱浓度

根据以上思路,详细的逐步描述如下。

第一步,根据遥感反射率特征模糊估算表层 ISM 和 $Chla$。具体方法详见章节 5.2。

第二步,在模糊估算了表层 ISM 和 $Chla$ 的条件下,将该像元需要匹配的查找表缩小到最多 3.6 万条。继续将该像元的遥感反射率与悬浮物表层-垂向参数查找表逐一匹配。综合考虑信噪比和大气校正效果,选取 OLCI 传感器 443~865 nm 全部 12 个波段。计算光谱均方根误差(Spectral Root Mean Square Error,SRMSE),匹配水色参数查找表中 6 个最相似的模糊解。SRMSE 的计算公式如下:

$$SRMSE = \sqrt{\frac{\sum\limits_{i=1}^{n}(R_{rs_{obs,i}} - R_{rs_{LUT,i}})^2}{n}} \tag{5.1}$$

式中,$R_{rs_{obs,i}}$ 和 $R_{rs_{LUT,i}}$ 分别表示对应波段的遥感反射率观测值和查找表值。此时,$n=12$。

第三步:基于第二步计算得到的 6 个最相似的模糊解,为了进一步提高匹配的精度,应用优化波段光谱角匹配(Optimized Band Spectral Angle Match,OBSAM)的方法,更侧重于比较两组优化后光谱在形状上的相似性,而与光谱向量的模无关(Kruse et al.,1993)。根据相关研究,443 nm、510 nm、620 nm、674 nm、709 nm、779 nm 更容易受到垂向无机悬浮物浓度结构的影响。因此,借助这六个波段,计算优化波段光谱角:

$$OBSAM = \arccos\left(\frac{\sum\limits_{i=1}^{n}(R_{rs_{obs,i}} \times R_{rs_{LUT,i}})}{\sqrt{\sum\limits_{i=1}^{n}(R_{rs_{obs,i}})^2} \times \sqrt{\sum\limits_{i=1}^{n}(R_{rs_{LUT,i}})^2}}\right) \tag{5.2}$$

式中,$R_{rs_{obs,i}}$ 和 $R_{rs_{LUT,i}}$ 同样分别表示对应波段的遥感反射率观测值和查找表值。此时,$n=6$。

第四步:引入匹配相似度(P)的概念,令:

$$P = (1 - OBSAM) \times 100\% \tag{5.3}$$

也就是说,当 P 为 100%时,则两条曲线完全匹配;当 P 位于[90%,100%)时,则两条曲线的相似度很高;当 P 位于[80%,90%)时,则两条曲线的相似度较高;当 P 位于[70%,80%)时,则两条曲线的相似度一般;当 P 小于 70%时,则认为相似度较差,舍弃匹配结果。

第五步：根据表层悬浮物浓度和垂向分布模式，根据公式(5.4)至公式(5.9)便可以得到任意深度 $z \in [0, 2]$ 的无机悬浮物浓度 ISM_z：

$$ISM_{FD\_z} = ISM \times [50.118\,72 \times (z + 0.1)^{-0.3}]/100 \tag{5.4}$$

$$ISM_{SD\_z} = ISM \times [(-20) \times z + 100]/100 \tag{5.5}$$

$$ISM_{U\_z} = ISM \tag{5.6}$$

$$ISM_{SI\_z} = ISM \times [(20) \times z + 100]/100 \tag{5.7}$$

$$ISM_{FI\_z} = ISM \times [128.767 \times (z + 0.3)^{0.21}]/100 \tag{5.8}$$

$$ISM_{VFI\_z} = ISM \times [19 \times ln(z + 0.04) + 161.158\,64]/100 \tag{5.9}$$

以上六个公式等号左边的项，分别表示快速减小(FD)、慢速减小(SD)、垂向均一(U)、慢速增加(SI)、快速增加(FI)和极速增加(VFI)六种分布模式下各个深度 z 的无机悬浮物浓度值；等号右边的 ISM 表示表层的 ISM 值。

第六步：根据表层悬浮物浓度和垂向分布模式，假设洪泽湖平均水深为 2 m，根据公式(6.10)至公式(6.15)可计算出无机悬浮物的柱浓度(CMISM：Column Mass of Inorganic Suspended Matter)。

$$CMISM_{FD} = \int_{z=0}^{z=2} ISM \times [50.118\,72 \times (z + 0.1)^{-0.3}]/100\,\mathrm{d}z \tag{5.10}$$

$$CMISM_{SD} = \int_{z=0}^{z=2} ISM \times [(-20) \times z + 100]/100\,\mathrm{d}z \tag{5.11}$$

$$CMISM_{U} = \int_{z=0}^{z=2} ISM\,\mathrm{d}z \tag{5.12}$$

$$CMISM_{SI} = \int_{z=0}^{z=2} ISM \times [(20) \times z + 100]/100\,\mathrm{d}z \tag{5.13}$$

$$CMISM_{FI} = \int_{z=0}^{z=2} ISM \times [128.767 \times (z + 0.3)^{0.21}]/100\,\mathrm{d}z \tag{5.14}$$

$$CMISM_{VFI} = \int_{z=0}^{z=2} ISM \times [19 \times \ln(z + 0.04) + 161.158\,64]/100\,\mathrm{d}z$$

$$\tag{5.15}$$

以上六个公式等号左边的项，分别表示快速减小(FD)、慢速减小(SD)、垂向均一(U)、慢速增加(SI)、快速增加(FI)和极速增加(VFI)六种分布模式下的无机悬浮物柱浓度值；等号右边的 ISM 表示表层的 ISM 值。

第七步：由于在实际洪泽湖的水体中，一般在小的范围内（如周围 1 km²）的水动力和自然状态相似，水体的悬沙水平和垂向运动具有一致性，其光学特性也相似。因此在计算出每个像元的无机悬浮物的柱浓度以后，利用 3×3 的均值滤波遍历初始的无机悬浮物的柱浓度，得到最终的 CMISM。

第八步（可选）：如章节 3.1 所述，洪泽湖水柱中实测无机悬浮物浓度和总悬浮物浓度有如下强相关关系（$R^2 = 0.99$）：

$$TSM = 1.321 \times ISM^{0.959} \tag{5.16}$$

类似地，总悬浮物柱浓度（CMTSM）与无机悬浮物柱浓度（CMISM）也有如下关系：

$$CMTSM = 1.321 \times CMISM^{0.959} \tag{5.17}$$

可根据需求进行转换求解。

5.2　表层无机悬浮物浓度和叶绿素 a 浓度的模糊估算

为了在不损失精度的前提下提高检索匹配效率，可采取以下步骤模糊反演表层 ISM 和 $Chla$。

首先，将实测数据进行筛选后分为两部分，57 个点用于建模，18 个点用于验证。然后利用 R 语言逐步回归分析方法从 14 个 OLCI 波段中进一步甄选敏感特征波段。

对于表层 ISM 而言，经过逐步回归分析筛选波段后，490 nm、510 nm、560 nm、681 nm、865 nm 五个波段均为极显著（$p < 0.001$），其多元线性系数和建模验证散点图详见表 5.2 和图 5.1。结果显示，拟合残差中位数为 -0.68 mg/L，非常接近于 0，R^2 为 0.95，$p < 0.001$，$RMSE = 4.40$ mg/L，$MAPE = 11.11\%$，$n = 57$。验证结果显示 R^2 为 0.90，$p < 0.001$，$RMSE = 4.15$ mg/L，$MAPE = 12.47\%$，$n = 18$。

观察残差分布可知，全部数据的残差分布在 $-9.11 \sim 9.39$ mg/L，1/4 和 3/4 分位数残差分别为 -3.49 mg/L 和 3.63 mg/L。在实际应用过程中，通过影像遥感反射率计算得到确定解后，先匹配到近似查找表步长上，然后上下拓展 2 个步长。如 ISM 计算结果为 43 mg/L 时，近似匹配到查找表上的是 44 mg/L，上下拓展两个步长，也就是该像元在 36 mg/L、40 mg/L、44 mg/L、48 mg/L、52 mg/L 五个值内迭代，以达到在不损失精度的情况下，降低查找表维度的目的。

表 5.2　估算表层 *ISM* 回归参数统计表

因变量	系数	$Pr(>|t|)$	因变量	系数	$Pr(>|t|)$
$R_{rs}(490)$	−7 636.777	＊＊＊	$R_{rs}(681)$	2 828.609	＊＊＊
$R_{rs}(510)$	9 336.981	＊＊＊	$R_{rs}(754)$	2 913.903	＊
$R_{rs}(560)$	−2 871.235	＊＊＊	$R_{rs}(779)$	−5 349.696	＊＊
$R_{rs}(620)$	−940.815	—	$R_{rs}(865)$	2 828.609	＊＊＊
$R_{rs}(665)$	−6 951.767	＊＊	*Intercept*	30.221	＊＊＊

注:"＊＊＊"表示在 0.001 的水平上显著;"＊＊"表示在 0.01 的水平上显著;"＊"表示在 0.05 的水平上显著;"—"表示不显著。

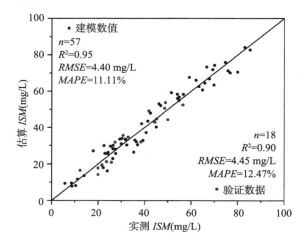

图 5.1　估算 *ISM* 的建模和验证数据散点图

对于 *Chla* 而言,经过逐步回归分析方法进行波段筛选后,665 nm、674 nm、681 nm、754 nm 四个波段均为极显著($p < 0.001$),其多元线性系数和建模验证散点图详见表 5.3 和图 5.2,建模拟合 R^2 为 0.65。虽然高悬沙背景下 *Chla* 水平较低,反演有一定难度,但是该算法也通过了显著性检验($p < 0.001$),$RMSE = 2.94\ \mu g/L$,$MAPE = 28.78\%$,$n = 57$。验证结果显示 R^2 为 0.58,$p < 0.001$,$RMSE = 3.27\ \mu g/L$,$MAPE = 29.21\%$,$n = 18$。

表 5.3　估算表层 *Chla* 的回归参数统计表

因变量	系数	$Pr(>|t|)$
$R_{rs}(490)$	1 688.992	＊
$R_{rs}(510)$	−1 790.651	＊
$R_{rs}(665)$	8 005.836	＊＊＊

续表

因变量	系数	$Pr(>|t|)$
$R_{\mathrm{rs}}(674)$	$-13\,625.702$	＊＊＊
$R_{\mathrm{rs}}(681)$	$5\,460.786$	＊＊＊
$R_{\mathrm{rs}}(754)$	480.236	＊＊＊
$Intercept$	9.322	＊＊＊

注:"＊＊＊"表示在 0.001 的水平上显著;"＊"表示在 0.05 的水平上显著。

观察残差分布可知,全部数据的残差分布为$-8.30\sim8.61\ \mu\mathrm{g/L}$,1/4 和 3/4 分位数残差分别为$-2.24\ \mu\mathrm{g/L}$ 和 $2.52\ \mu\mathrm{g/L}$。和 *ISM* 类似,在实际应用过程中,通过影像遥感反射率计算得到确定解后,先匹配到近似查找表步长上,然后上下拓展 2 个步长。

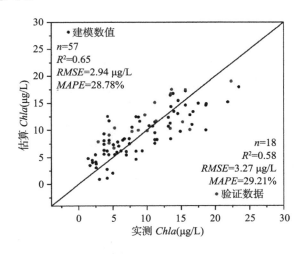

图 5.2　估算 *Chla* 的建模和验证数据散点图

5.3　基于遥感影像的无机悬浮物浓度水平垂向估算精度评价

5.3.1　大气校正估算精度评价

本书的研究在进行野外原位实验时,同步获取了 2017 年 5 月 18 日、2018 年 9 月 8 日和 9 日三景哨兵 3/OLCI 数据,且天气晴朗无云,成像效果较好。将大气矫正后影像各波段的遥感反射率与±3 小时以内的实测数据进行比较,结果如图 5.3 所示。

由于叶绿素 a 和 CDOM 在蓝光波段,尤其是深蓝波段有强烈的吸收作用,使得离水辐亮度信号较弱,水体遥感反射率在此波段数值较低;同时,洪泽湖上空大气气溶胶组分十分复杂,在蓝光波段有强烈的瑞利散射作用。这两个因素共同导致影像上蓝光波段的辐射亮度中水体信号占比非常小,也更容易影响大气矫正的效果。其中,位于 412 nm 深蓝波段的遥感反射率大气矫正最差,$MAPE$ 超过了 25%,因此进行了舍弃。蓝光中较长的 442 nm 的 $MAPE$ 为 22.24%,$RMSE$ 为 0.007 1 Sr^{-1};490 nm 的 $MAPE$ 为 13.10%,$RMSE$ 为 0.008 7 Sr^{-1},精度基本满足需求。

位于绿光、红光和红边的 510~709 nm 的 $MAPE$ 均小于 10%,$RMSE$ 数值为 0.005 2~0.008 5 Sr^{-1}。这些波段的校正效果较好,可能是因为随着波长的不断增大,一方面大气气溶胶散射作用迅速减弱,另一方面水体离水辐射信号较大。这两个因素共同作用,使得水体信号本身较强,占据天顶辐亮度的比重较大,较容易剔除大气部分的影响。

近红外波段的校正误差较高可能是由于水体本身强烈的吸收,导致该波段的遥感反射率数值很小,对大气校正后微小的变化极其敏感,如 754 nm、779 nm 和 865 nm 的 $MAPE$ 分别为 19.77%、19.76% 和 22.63%,$RMSE$ 分别为 0.005 2 Sr^{-1}、0.005 9 Sr^{-1} 和 0.002 2 Sr^{-1}。其中 885 nm 的 $MAPE$ 大于 25%,在这里进行了去除。

整体而言,443~865 nm 的 12 个波段的 $MAPE$ 均值为 13.73%,效果较好,因此,利用 MUMM 方法对 OLCI 数据进行大气矫正的效果总体是满意的。

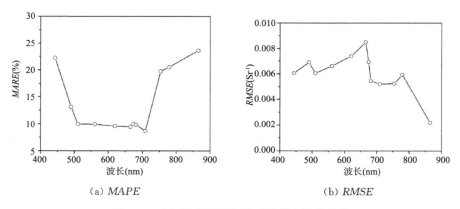

（a）$MAPE$ （b）$RMSE$

图 5.3 大气矫正后影像遥感反射率估算评价

5.3.2 表层无机悬浮物浓度和柱浓度的估算精度评价

将章节 5.1 提出的逐步降维匹配方法应用于大气矫正后同步的 OLCI 数据

后,利用实测表层 *ISM* 数据与匹配结果进行比较验证,结果如图 5.4 所示。图中,横坐标为实测表层 *ISM*,纵坐标为通过匹配方法得到的表层 *ISM*,两者相较,均方根误差为 6.96 mg/L,平均绝对百分比误差为 18.24%,决定系数为 0.88,$n=23$。

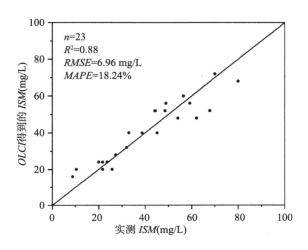

图 5.4　基于准同步数据的表层 *ISM* 估算结果验证散点图

同时,用以上方法和数据匹配得到的 *CMISM* 与实测数据进行比较,结果如图 5.5 所示。图中横坐标为实测 *CMISM*,纵坐标为通过匹配方法得到的影像 *CMISM*,两者相较,均方根误差为 24.96 mg/m²,平均绝对百分比误差为 23.74%,决定系数为 0.61,$n=23$,效果较好。由此说明本研究提出的逐步降维

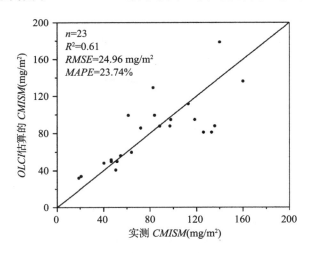

图 5.5　基于准同步数据的 *CMISM* 估算结果验证散点图

查找表匹配方法在洪泽湖是适用的。另外,在匹配结束后,相似度 P 的数值均大于 94.79%,平均值为 97.02%。有 95.65%(22/23)的样点 P 值大于 95%,说明绝大多数样点的匹配相似度很高。

通过同步数据的验证,ISM 和 $CMISM$ 两者的估算精度误差均小于 25%,且由于表层悬浮物浓度的信号更为强烈,其估算精度较好,$MAPE$ 低于 20%,很好地满足了精度需求。同时,从效率上看,处理一景 OLCI 数据的时间从未降维的 10 多个小时,逐步降低到降维后的约 1 小时。这些数据清楚地表明,构建的同步估算表层悬浮物浓度和柱浓度的逐步降维方法具有较好的精度和稳定性,能够满足对洪泽湖悬浮物三维时空变化信息的遥感估算。

综上所述,星地同步验证结果表明,本书构建的逐步降维遥感匹配方法有着令人满意的估算效果,尤其是针对以无机悬浮物为主导的浑浊湖泊有着较强的应用潜力,为下一步遥感估算洪泽湖悬浮物三维时空变化格局的研究奠定了算法基础。

5.4　洪泽湖无机悬浮物浓度时空格局及其变化特征研究

将上述构建的匹配估算方法应用于洪泽湖 2018 年 95 景高质量的 OLCI 影像,按照月份分类求取平均后,得到了洪泽湖逐月的表层 ISM、垂向逐层 ISM_z 三维分布、$CMISM$ 以及对应的相似度指数 P 的空间分布图。

图 5.6 展示了洪泽湖表层 ISM 的年内空间分布情况。2018 年 ISM 全湖平均值为 34.00 mg/L。在空间上,洪泽湖各个湖区表层 ISM 数值从高到低依次为东北水域(NE:40.49±12.07 mg/L)＞过江水道(RC:38.21±11.14 mg/L)＞溧河洼湿地(WL:30.73±9.08 mg/L)＞成子湖(CZL:25.89±7.17 mg/L)。在不同季节,洪泽湖内部不同湖区表层 ISM 的空间分布趋势有所不同。例如,在春季(3—5 月),表层 ISM 最大的区域都是过江水道(24.25±11.15 mg/L),最小的区域是溧河洼湿地(17.16±9.08 mg/L);在夏季(6—8 月),表层 ISM 最大的区域都是过江水道(39.55±11.13 mg/L),最小的区域则是成子湖(25.03±7.16 mg/L);在秋季(9—11 月),表层 ISM 最大的区域都是东北水域(56.54±12.06 mg/L),最小的区域是成子湖(30.70±7.18 mg/L);在冬季,表层 ISM 最大的区域都是东北水域(47.18±12.08 mg/L),最小的区域是成子湖(30.23±7.19 mg/L)。

由此可见,不管是全年还是年内四季,表层 ISM 高值部分多位于东部两个湖区,且较多频率出现在从淮河入湖口到东北湖心的位置。东部湖区水面开阔,濒临淮河入湖口,换水周期较快,水体受到淮河来水的强烈扰动,因此悬浮物浓度较高。位于北部的成子湖湖湾区和位于西部的溧河洼湿地,湖面较为狭窄,受到地形和湖泊形状的影响,换水周期较长,水流较为平缓,湖水受到的扰动较小(王治良等,2006),表层 *ISM* 较低。

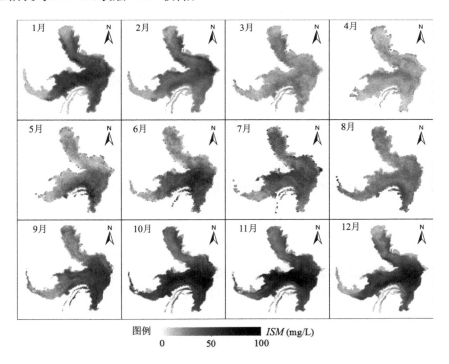

图 5.6　2018 年年内表层 *ISM* 时空分布图

图 5.7 展示了洪泽湖及其四个分区水柱中逐层 *ISM* 的逐月分布情况。在垂向上,洪泽湖 12 个月的逐层 *ISM* 都是在表层较小,底层较大,但是不同月份从表层到底层增加的幅度有所不同,在这里垂向 *ISM* 的增幅(Δ*ISM*)定义如下。

$$\Delta ISM = \frac{ISM_{2.0} - ISM_{0.0}}{ISM_{0.0}} \times 100\% \tag{5.18}$$

式中,$ISM_{2.0}$ 和 $ISM_{0.0}$ 分别表示影像上得到的 2 m 深和表层 0 m 深无机悬浮物的浓度。

如图 5.7(a),3 月 *ISM* 垂向增幅最小,仅为 0.84%;10 月增幅最大,高达 22.79%。不仅如此,夏季和秋季(6—11 月)的平均增幅较大,范围为 10.59%~22.79%,平均约为 17.69%;而冬季和春季平均增幅较小,范围为 0.84%~14.93%,平均约为 6.77%,这与实测观测结果数据是吻合的。

由于洪泽湖内部成子湖区和溧河洼湖区在水动力条件和换水周期等方面与主湖区的水环境状况有很大不同,因此其 ISM 垂向分布也表现出差异。如图5.7(b)所示,在成子湖,3 月和 5 月表现出 ISM 从表层到底层垂向减小的趋势,增幅分别为－1.01%和－4.72%;7 月增幅最大,高达 29.09%。其中,夏季和秋季(6—11 月)的平均增幅较大,范围为 4.24%～29.09%,平均为 16.11%;而冬季和春季平均增幅较小,范围为－4.71%～16.00%,平均为 3.02%。如图 5.7(c)所示,在溧河洼湿地,仅 3 月表现出从表层到底层垂向略微减小的趋势,增幅为－0.89%;9 月增幅最大,高达 33.94%。夏季和秋季(6—11 月)的增幅较大,范围为 11.29%～33.94%,平均为 21.49%;冬季和春季增幅较小,范围为－0.89%～28.46%,平均为 9.34%。

在水动力条件变化多样的东部湖区,ISM 垂向分布则更为复杂。如图5.7(d)所示,在过江水道,全年表现出从表层到底层垂向增大的趋势。4 月增幅最小,为 0.67%;10 月增幅最大,为 21.85%。夏季和秋季(6—11 月)增幅较大,范围为 3.19%～21.85%,平均为 13.59%;冬季和春季增幅较小,范围为0.67%～17.56%,平均为 8.17%。如图 5.7(e)所示,在东北水域,3 月和 4 月表现出ISM 从表层到底层垂向减小的趋势,增幅分别为－2.02%和－3.86%。10 月增幅最大,为 23.69%。夏季和秋季(6—11 月)的增幅较大,范围为 7.85%～23.69%,平均为 15.00%;冬季和春季平均增幅较小,范围为－3.86%～11.69%,平均为 3.49%。

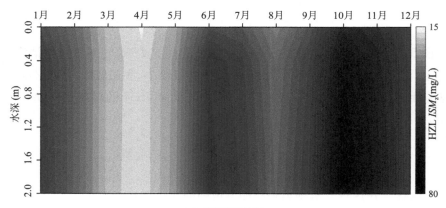

(a) 洪泽湖(HZL)

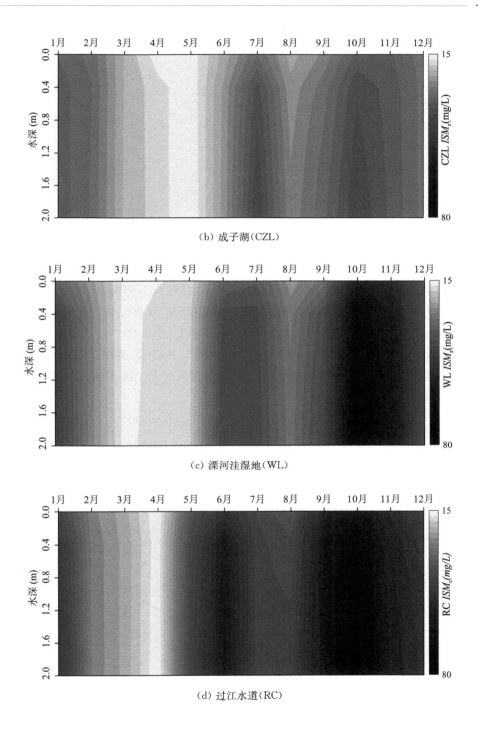

（b）成子湖（CZL）

（c）溧河洼湿地（WL）

（d）过江水道（RC）

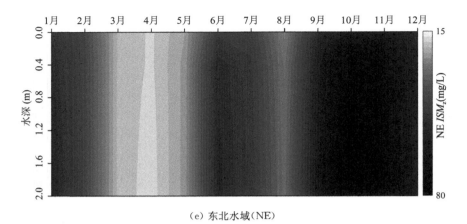

（e）东北水域（NE）

图 5.7   2018 年年内的 *ISM$_z$* 三维时空分布图

对洪泽湖及各个湖区表层 *ISM* 进行统计，发现大部分湖区 *ISM* 的季节分布特征为春季低、秋季高。如洪泽湖全湖表层 *ISM* 春季（3—5 月）为 20.11 ± 9.81 mg/L，夏季（6—8 月）为 33.28 ± 9.80 mg/L，秋季（9—11 月）为 46.13 ± 9.79 mg/L，冬季为 36.49 ± 9.82 mg/L。如图 5.8 所示，洪泽湖四个分区也都有着春季低、秋季高的季节分布特征。本研究利用以下二次多项式，来拟合洪泽湖表层 *ISM* 月变化特征：

$$Y_{ISM} = B1 \times x - B2 \times x^2 + Intercept \tag{5.19}$$

式中，Y_{ISM} 表示月均表层悬浮物浓度，x 为用数字表示的月份。$B1$ 为 x 的系数，$B2$ 为 x^2 的系数。如表 5.4 所示，洪泽湖及其四个分区的拟合决定系数为 $0.44\sim0.56$，且均通过了显著性检验（$p<0.01$，$n=12$）。由此说明洪泽湖表

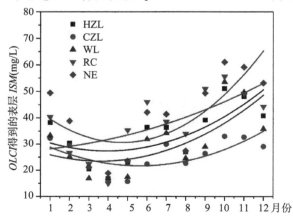

图 5.8   2018 年洪泽湖及四个分区表层 *ISM* 月变化拟合曲线图

层 ISM 存在着显著的月尺度时间分布规律,其季节分布特征为春低秋高,夏季和冬季处于中等水平。

表 5.4　2018 年洪泽湖及四个分区表层 ISM 的月变化拟合参数统计表

湖区名称	缩略词	B1	B2	$Intercept$	R^2	p
洪泽湖	HZL	−2.81	0.36	32.89	0.52	*
成子湖	CZL	−3.71	0.33	32.23	0.44	.
溧河洼湿地	WL	−2.58	0.36	28.16	0.50	*
过江水道	RC	0.52	0.13	27.56	0.46	.
东北水域	NE	−6.15	0.65	45.14	0.56	*

注:"*"表示在 0.05 的水平上显著;"."表示在 0.1 的水平上显著。

图 5.9 展示了洪泽湖两米深的水柱中 $CMISM$ 的空间分布图。在空间上,洪泽湖 $CMISM$ 与表层 ISM 的分布趋势十分类似,高值部分多位于东北水域和过江水道,水柱中悬浮物受到水动力的干扰导致较高的 $CMISM$。同时,位于北

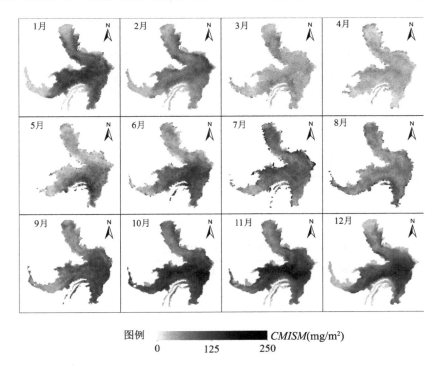

图例　　　　　　　　　　　　$CMISM$(mg/m²)

0　　　　125　　　　250

图 5.9　2018 年年内 $CMISM$ 时空分布图

部的成子湖湖湾区和位于西部的溧河洼湿地湖湾区,地形较为闭塞,水流较为平缓,湖水受到的扰动较小,CMISM 较低。

对洪泽湖及各个湖区 CMISM 进行统计,发现其季节分布特征同样为春季最低,秋季最高。其中,洪泽湖 CMISM 春季为 39.77 ± 24.40 mg/m^2,夏季为 68.28 ± 21.39 mg/m^2,秋季为 96.99 ± 21.38 mg/m^2,冬季为 73.80 ± 20.40 mg/m^2。如图 5.10 所示,洪泽湖四个分区也都有着春季低、秋季高的季节分布特征。本研究同样利用以下二次多项式,来拟合洪泽湖表层 ISM 月变化特征:

$$Y_{CMISM} = B1 \times x - B2 \times x^2 + Intercept \tag{5.20}$$

式中,Y_{CMISM} 表示月均无机悬浮物柱浓度,x 为用数字表示的月份。$B1$ 为 x 的系数,$B2$ 为 x^2 的系数。如表 5.5 所示,洪泽湖及溧河洼湿地、过江水道和东北水域的拟合决定系数为 $0.45 \sim 0.56$,且均通过了显著性检验($p < 0.01, n = 12$)。但是成子湖逐月 CMISM 二次多项式拟合没有通过显著性检验。由此说明洪泽湖及其大部分湖区 CMISM 存在着较为显著的月尺度时间分布规律,这和表层 ISM 的年内分布规律十分相似。

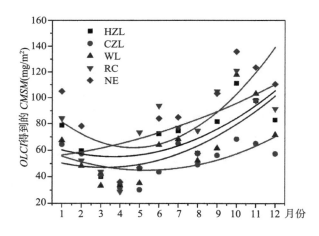

图 5.10　2018 年洪泽湖及四个分区 CMISM 月变化拟合曲线图

表 5.5　2018 年洪泽湖及四个分区 CMISM 的月变化拟合参数统计表

湖区名称	缩略词	$B1$	$B2$	$Intercept$	R^2	p
洪泽湖	HZL	-5.25	0.72	64.92	0.52	*
成子湖	CZL	-6.05	0.57	61.25	0.36	—
溧河洼湿地	WL	-4.43	0.70	54.25	0.49	*
过江水道	RC	1.52	0.26	54.74	0.45	.
东北水域	NE	-13.43	1.44	93.44	0.56	*

注:"*"表示在 0.5 的水平上显著;"."表示在 0.1 的水平上显著;"—"表示不显著。

另外,图 5.11 清晰直观地展示了匹配结束后相似度 P 值的空间分布,非常明显地,绝大多数像元匹配相似度非常高,尤其是秋季和冬季,超过 90% 像元的匹配相似度都在 90% 以上。另外,可能 2018 年夏季正好洪泽湖降雨较少,水位偏低,而洪泽湖靠近岸边的水体容易受到水草或底质的影响,部分像元的匹配相似度为 80% ~ 90%,具有较高的匹配相似度。而匹配相似度一般或者较差的像元,如 $P<80\%$ 的栅格,分布在洪泽湖四周的水陆交界处。值得注意的是,位于北部成子湖以及溧河洼湿地水陆边界处水较浅,水草丰茂,极易改变像元的遥感反射率值,使得匹配效果较差。

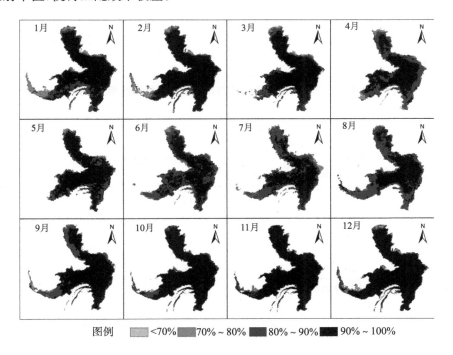

图例 ▨ <70% ▨ 70% ~ 80% ▨ 80% ~ 90% ▮ 90% ~ 100%

图 5.11 2018 年年内匹配相似度 P 时空分布图

5.5 洪泽湖无机悬浮物浓度三维时空格局的驱动力分析

对洪泽湖年内无机悬浮物三维浓度的长时间序列监测结果表明洪泽湖无机悬浮物表层浓度和柱浓度的月变化具有较显著的周期规律。为了进一步揭示洪泽湖及其四个分区无机悬浮物浓度三维时空变化的驱动力,本章结合流量、来水量、湖泊蓄水量、流域降水量数据对洪泽湖无机悬浮物表层浓度和柱浓度的年内驱动因素进行进一步分析。

表 5.6 展示了洪泽湖无机悬浮物三维浓度与上述四个水文因素线性回归相关系数。基于双尾检验，自由度为 $n-2$，且 $n=12$，绿色部分表示 $p<0.01$，为极显著；黄色部分表示 $p<0.05$，为较显著；蓝色部分表示 $p<0.1$，为一般显著；其余部分未通过显著性检验。

洪泽湖无机悬浮物表层浓度和柱浓度受到淮河流量和来水量的影响较显著，相关系数 R 均为 0.55 左右；受到洪泽湖蓄水量的影响为极显著，相关系数 R 分别为 -0.75 和 -0.77；但是受到流域降水量的影响不显著。且洪泽湖蓄水量与洪泽湖无机悬浮物的垂向增幅也有极显著的相关系数（$R=-0.73$）。这些数据说明，淮河本身的水动力扰动、湖泊水位变化都是影响洪泽湖无机悬浮物三维浓度变化的重要因素。但是洪泽湖各个子湖区对这四个水文因素的响应程度有所不同。

表 5.6　洪泽湖无机悬浮物三维浓度与水文因素线性回归相关系数统计表

湖区	变量	流量（蚌埠站）	来水量（蚌埠站）	洪泽湖蓄水量	流域降水量
洪泽湖	表层 ISM	-0.56	-0.55	-0.75	-0.42
	CMISM	-0.54	-0.54	-0.77	-0.40
	ΔISM	0.00	0.00	-0.73	0.09
成子湖	表层 ISM	-0.61	-0.61	-0.48	-0.47
	CMISM	-0.56	-0.56	-0.54	-0.39
	ΔISM	-0.09	-0.09	-0.60	0.17
溧河洼湿地	表层 ISM	-0.58	-0.57	-0.77	-0.41
	CMISM	-0.56	-0.55	-0.78	-0.40
	ΔISM	-0.27	-0.27	-0.50	-0.21
过江水道	表层 ISM	-0.28	-0.27	-0.77	-0.18
	CMISM	-0.25	-0.24	-0.77	-0.16
	ΔISM	0.10	0.11	-0.40	0.06
东北水域	表层 ISM	-0.65	-0.65	-0.66	-0.52
	CMISM	-0.65	-0.64	-0.67	-0.52
	ΔISM	-0.13	-0.13	-0.75	-0.06

如淮河流量和来水量主要影响的是成子湖、溧河洼湿地和东北水域的无机悬浮物表层浓度和柱浓度，且响应程度较为一致，均为较显著。洪泽湖蓄水量对四个子湖区的三维悬浮物浓度分布均有影响，对成子湖的 ΔISM 有较显著影

响,对溧河洼湿地的 *CMISM* 有极显著影响,对东北水域的 ΔISM 有极显著影响,对过江水道区域无机悬浮物的表层浓度和柱浓度有极显著影响。流域降水量则仅对成子湖表层 *ISM* 和东北水域 *ISM* 表层浓度和柱浓度有一般显著影响。

由以上分析可知,在本研究分析的四个水文因素中,控制洪泽湖水体各层 *ISM* 分布的主要因素是洪泽湖蓄水量,淮河流量和来水量是次要影响因素。Cao et al.（2017）利用 2002—2015 年长时间序列的 MODIS 数据发现,洪泽湖存在"湖浊河清"、"湖清河浊"、"湖清河清"和"湖浊河浊"四种空间分布模式,这说明淮河来水有时候特别浑浊,夹杂着大量泥沙,悬浮物浓度高于洪泽湖;有时候又相对清澈,悬浮物浓度低于洪泽湖。复杂多变的淮河来水,导致过江水道地区的物质来源、水动力条件相对复杂,可能导致该区域无机悬浮物三维浓度分布与淮河流量和来水量响应关系较弱。

一方面,Lei et al.（2019b）基于日间和夜间遥感数据发现,从 2012 年开始,洪泽湖经历了疯狂的盗采黄砂事件。虽然在相关部门的严厉打击下,黄砂盗采行为在 2017 年 3 月完全结束。但是历经数年的黄砂开采,可能加深了 2018 年的湖水深度,改变了湖泊的水动力环境。张运林等（2004）认为导致底泥再悬浮的临界风速约为 5～6.5 m/s,而近年来洪泽湖地区持续降低的风速进一步削弱了再悬浮的作用。另一方面,自 2000 年以来,我国在淮河流域制定了一系列退耕还林、还草等生态环境修复措施,严格管控流入洪泽湖的污染物负荷,并出台了《淮河流域水污染防治暂行条例》《水污染防治行动计划》《淮河生态经济带发展规划》等一系列环保措施,切实有效提升了淮河流域的生态环境质量（Zhou et al.，2017）。综上,受湖泊深度加深和洪泽湖流域生态环境不断改善的影响,淮河流量、来水量、洪泽湖蓄水量和流域降水量几乎都与洪泽湖 *ISM* 三维浓度呈现负相关关系。另外,洪泽湖蓄水量则与除过江水道以外的其他湖区的 ΔISM 有较显著或极显著的负相关关系,进一步说明洪泽湖蓄水量的增加,或者说水位的升高、水深的加大,可能导致水面以下 2 m 的水柱中 ΔISM 不断减小。

5.6　本章小结

本章设计了一种逐步降维的无机悬浮物表层-垂向遥感估算方法,首先通过计算水体表层 *ISM* 和 *Chla* 模糊估算其范围,在不损失精度的情况下降低了查找表的维度;其次综合考虑信噪比和大气校正效果,选取 OLCI 传感器不同特征波段,计算光谱均方根误差和优化光谱角进行匹配。

在匹配估算得到洪泽湖无机悬浮物表层浓度和柱浓度后,利用 23 个同步的地面实测样点进行精度检验,结果表明:无机悬浮物表层浓度的估算均方根误差为 6.96 mg/L,平均绝对百分比误差为 18.24%,决定系数为 0.88;无机悬浮物柱浓度的估算均方根误差为 24.96 mg/m²,平均绝对百分比误差为 23.74%,决定系数为 0.61,两者的验证效果均较为满意。

将算法应用于 2018 年年内 95 景高质量影像后发现,洪泽湖 ISM_z 和 $CMISM$ 的空间分布十分类似,高值部分多位于东部敞水区,主要是东北水域和过江水道,受到入湖河流等的强烈扰动。同时,位于北部的成子湖湖湾区和位于西部湿地湖湾区,地形较为闭塞,水流较为平缓,湖水受到的扰动较小,表层 ISM 和 $CMISM$ 数值较低。在针对洪泽湖无机悬浮物浓度三维时空格局的驱动力分析中,控制洪泽湖水体各层 ISM 分布的主要因素是洪泽湖蓄水量,淮河流量和来水量是次要影响因素。

从匹配结束后相似度 P 的时空分布来看,非常明显,绝大多数像元(约超过 90% 的像元)的匹配相似度都在 90% 以上,匹配相似度非常高。而匹配相似度一般或者较差的像元,如 $P<80\%$ 的栅格,分布在洪泽湖四周的水陆交界处,这些地方往往在枯水期容易出露,且容易受到水生植被的影响,从而改变了正常的水体光谱信息,影响了匹配的效果。

由于总悬浮物浓度和无机悬浮物浓度有极高的决定系数($R^2 = 0.99$),因此,表层总悬浮物浓度及其柱浓度的时空变化特征和月尺度的变化规律,与表层无机悬浮物浓度及其柱浓度是相似的,在此便不再赘述。

第 6 章
结论与展望

6.1　主要结论

　　无机悬浮物浓度垂向分布的遥感估算一直是水环境遥感领域的重要研究内容,但由于内陆水体光学特性十分复杂,该项研究鲜有大的进展。本书通过研究洪泽湖水体光学特性,基于水体辐射传输模型,构建了适用于洪泽湖的无机悬浮物水平-垂向查找表,并设计了一套适合此查找表的高效、稳定匹配方法。研究的主要内容和结论如下。

　　(1)洪泽湖水柱中水色要素组分、浓度、粒径和光学特征有着不同的垂向分布特征。从组分来看,水柱中 ISM、TSM 以及 ISM/TSM 随着深度增加不断增大,而 $Chla$ 和 OSM 随着深度不断减小;从粒径来看,洪泽湖水柱中各层悬浮物粒径随着深度增加不断增大;从吸收系数看,$a_p(440)$ 和 $a_{nap}(440)$ 的均值呈现出随深度先减小后增大的趋势,$a_{ph}(440)$ 和 $a_{CDOM}(440)$ 是在垂向上不断减小,而后向散射系数则随着深度的增加不断增大。

　　(2)本研究揭示了不同无机悬浮物浓度垂向分布模式对水表面遥感反射率的影响。在表层 ISM 非零条件下,本书中所述五种 ISM 垂向非均一情况与垂向均一情况相比,近红外波段,尤其是 $750\sim900$ nm 处 $\Delta R_{rs}(\lambda)$ 的绝对值往往最大,而在短波段,如蓝绿波段的 $\Delta K_d(\lambda)$ 绝对值往往较大。一般说来,ISM 垂向减小会减小 $K_d(\lambda)$ 的数值,反之亦然;$R_{rs}(\lambda)$ 的变化则更为复杂。总体而言,在同等无机悬浮物浓度垂向分布条件下的大多数波段,$R_{rs}(\lambda)$ 比 $K_d(\lambda)$ 有更敏感的响应,变化更为显著。

　　(3)本研究分析了洪泽湖水质组分、粒径信息对水体固有光学量和表观光学量的影响,揭示其内在光学机制;率定了吸收、散射系数等固有光学量的参数化模型,确定了水色三要素等的边界值,基于水体辐射传输模型,构建了适合于洪泽湖这种以无机悬浮物为主导水体的查找表。在查找表中,设置了 6 种垂向分布模式,共 47.52 万条数据。

　　(4)设计了一套兼顾精度和效率的逐步降维查找表匹配方法。该方法利用影像遥感反射率特征,首先,模糊估算水体表层 $Chla$ 和 ISM,在不损失精度的情况下逐步降低该像元查找表的条数;其次,通过特征波段遥感反射率的量级和形状,综合考虑遥感影像波段信噪比和大气矫正效果,模糊匹配 6 条近似光谱;最后,挑选对垂向分布较为敏感的特征波段来确定垂向分布模式,并给出了该像元的匹配相似度。

（5）利用遥感技术发现了洪泽湖 2018 年年内逐层无机悬浮物浓度（ISM_z）和柱浓度（$CMISM$）秋高春低的季节现象;综合分析与定量探讨了两者的时空分布规律;厘清了洪泽湖蓄水量、淮河流量和来水量可能对洪泽湖水下无机悬浮物浓度变化的影响程度,为治理洪泽湖生态环境、模拟环境演变提供了数据支持。

6.2 特色与创新

（1）基于水体辐射传输模型,构建了适用于洪泽湖的无机悬浮物浓度表层-垂向参数查找表,实现了水下不同水层物质基础（组分、浓度、粒径）－固有光学特性－表观光学参数的正演过程。揭示了洪泽湖水体水柱中不同垂向分布模式下无机悬浮物浓度、固有光学量变化对表观光学参数的影响机制。

（2）耦合无机悬浮物浓度垂向分布的结构模型,实现无机悬浮物浓度三维分布的遥感反演。提出的匹配估算方法,克服了以往遥感监测悬浮物浓度研究中局限于水体表层反演的局限。得到的无机悬浮物浓度三维分布产品,为洪泽湖生态环境保护、湖泊生态治理等奠定了数据基础。

（3）对水柱中三维无机悬浮物浓度正演和反演过程的综合研究,不仅为以洪泽湖为代表的过水型湖泊水下光场、水色要素三维遥感监测研究提供了可借鉴的思路,也可为我国其他流域湖库的环境管理和生态治理提供参考。

6.3 不足和展望

本书虽然在遥感估算无机悬浮物浓度表层-垂向分布研究方面取得了一些进展,但由于查找表本身固有的一些局限性,仍然有很多工作有待进一步开展,具体如下。

（1）构建的查找表中,输入参数具有一定的步长。而在自然水体中水色三要素及其固有光学量的变化是连续的,因此,需要在考虑匹配效率和精度的基础上,逐步缩短步长,构建更加精细的查找表;与此同时,面对更加庞大的查找表,需要构建并行池,设计一套处理效率更高的查找表匹配方法。

（2）在洪泽湖无机悬浮物浓度水平-垂向查找表中,设计了 6 种区分度较大的垂向分布模式。然而在实际水体中,悬浮物的垂向分布模式更为复杂,垂向分布的路径更为多样,水下各个水层水质参数浓度和光学特性都具有较大的时空异质性。考虑到遥感平台传感器本身的探测能力有限,不同卫星传感器在波段设置、辐射分辨率和时空分辨率上各有优势,今后可以利用多源数据,采用遥感反射率分类的方法对不同的更加精细的悬浮物垂向分布模式进行综合监测。

常用符号对照表

常用符号	中文全称	英文全称	单位
λ	波长	Wavelength	nm
$R_{rs}(\lambda)$	遥感反射率	Remote sensing reflectance	Sr^{-1}
$K_d(\lambda)$	漫衰减系数	(Vertical) Diffuse attenuation coefficients of downward irradiance	m^{-1}
SDD	透明度	Secchi disk depth	m
$Chla$	叶绿素 a 浓度	Chlorophyll a concentration	$\mu g/L$
TSM	总悬浮物浓度	Total suspended matter concentration	mg/L
ISM	无机悬浮物浓度	Inorganic suspended matter concentration	mg/L
OSM	有机悬浮物浓度	Organic suspended matter concentration	mg/L
ISM/TSM	无机悬浮物浓度在总悬浮物浓度中的占比	Used as a delegate of the particle composition in this study	%
$a_w(\lambda)$	纯水吸收系数	Absorption coefficient of pure water	m^{-1}
$a_p(\lambda)$	总颗粒物吸收系数	Absorption coefficient of particulates	m^{-1}
$a_{ph}(\lambda)$	色素颗粒物吸收系数	Absorption coefficient of phytoplankton	m^{-1}
$a_{ph}^*(\lambda)$	色素颗粒物单位吸收系数	Mass-specific absorption coefficient of phytoplankton	m^2/g
$a_{nap}(\lambda)$	非色素颗粒物吸收系数	Mass-specific absorption coefficient of non-pigment particulate matter	m^{-1}
$a_{nap}^*(\lambda)$	非色素颗粒物单位吸收系数	Absorption coefficient of non-pigment particulate matter	m^2/g
$a_{CDOM}(\lambda)$	CDOM 吸收系数	Absorption coefficient of CDOM	m^{-1}

常用符号	中文全称	英文全称	单位
$b_f(\lambda)$	前向散射系数	The spectral forward scattering coefficient	m^{-1}
$b_b(\lambda)$	后向散射系数	The spectral backward scattering coefficient	m^{-1}
$b_{bp}(\lambda)$	颗粒物后向散射系数	Particulate scattering coefficient	m^{-1}
η	颗粒物后向散射斜率	Particle backscatter slope	dimensionless
$\zeta = \widetilde{b_{bp}}(\lambda)$	颗粒物后向散射概率	Particle phase function with a particulate backscattering ratio value	dimensionless
$\widetilde{b_{bp}}(670)$	670 nm 处的颗粒物后向散射概率	Particulate backscattering ratio at 670 nm	dimensionless
Q^b	等效颗粒物后向散射概率(效率)	Effective backscattering efficiency	dimensionless
$\beta(\psi;\lambda)$	波长 λ 处单位距离单位散射角度 ψ 的散射(光谱体散射函数)	The angular scatterance per unit distance and unit solid angle (volume scattering function)	$m^{-1}\ Sr^{-1}$
$\widetilde{\beta}(\psi;\lambda)$	光谱体散射相函数	The spectral volume scattering phase function	Sr^{-1}
$c_p(\lambda)$	颗粒物衰减系数	Particulate beam attenuation coefficient	m^{-1}
ξ	颗粒物粒径谱斜率(幂律函数拟合)	Slope of particle size distribution	dimensionless
$D_v{}^{25}$	四分之一位粒径	One-quarter diameter of suspended particles	μm
$D_v{}^{50}$	中值(二分之一位)粒径	Median diameter of suspended particles	μm
$D_v{}^{75}$	四分之三位粒径	Three-quarter diameter of suspended particles	μm
D_A	平均面积粒径	Mean particle diameter, weighted by area	μm
$V(D_i)$	LISST 第 i 个粒径区间的体积浓度	Particle volume concentration in the i-th LISST size class	$\mu L/L$
$V(D_t)$	总颗粒物体积浓度	Total particle volume concentrations	$\mu L/L$
$N(D_i)$	LISST 第 i 个粒径区间的数量浓度	Particle number concentration in the i-th LISST size class	counts/m^3

常用符号	中文全称	英文全称	单位
$N(D_t)$	总数量浓度	Total particle number concentrations	counts/m³
$[AC]_i$	LISST 第 i 个粒径区间的截面积浓度	Cross-sectional area concentration of particles in size bin i	m⁻¹
$[AC]_t$	总截面积浓度	Total cross-sectional area concentration of particles over size bins of the LISST	m⁻¹
ρ_A	颗粒物平均表观密度	Mean apparent density of particles	kg/L
SSA	单位表面积	Specific surface area	m²/mg
SNR	信噪比	Signal-to-noise ratio	dB—

参考文献

曹文熙，2000. 叶绿素垂直分布结构对离水辐亮度光谱特性的影响[J]. 海洋通报，19(3)：30-37.

高小孟，李一平，杜薇，等，2017. 太湖梅梁湾湖区悬浮物动态沉降特征的野外观测[J]. 湖泊科学，29(1)：52-58.

胡鸿钧，魏印心，等，2006. 中国淡水藻类：系统、分类及生态[M]. 北京：科学出版社.

黄昌春，李云梅，王桥，等，2012a. 基于水动力学的水体组分垂直结构对遥感信号的影响[J]. 光学学报，33(2)：36-45.

黄昌春，李云梅，徐良将，等，2012b. 水色要素垂直分布对其遥感反演算法精度的影响[J]. 光学学报，32(11)：17-24.

李敏敏，李铜基，朱建华，等，2013. 黄东海海区悬浮颗粒物后向散射系数和后向散射比的空间分布规律研究[J]. 海洋技术学报，32(1)：50-55.

刘王兵，2013. 基于 HJ CCD 影像的杭州湾悬浮泥沙浓度及粒径分布遥感反演研究 [D]. 杭州：浙江大学.

刘瑶，江辉，2018. 基于后向散射系数的鄱阳湖悬浮物浓度反演与垂直分布特征[J]. 生态环境学报，27(12)：2300-2306.

刘瑶，余自强，范杰平，等，2019. 鄱阳湖丰水期水体后向散射特性研究[J]. 华中师范大学学报（自然科学版），53(2)：283-289.

马荣华，唐军武，段洪涛，等，2009. 湖泊水色遥感研究进展[J]. 湖泊科学，21(2)：143-158.

马荣华，张玉超，段洪涛，2016. 非传统湖泊水色遥感的现状与发展[J]. 湖泊科学，28(2)：237-245.

沈芳，周云轩，李九发，等，2009. 河口悬沙粒径对遥感反射率影响的理论分析与实验观测[J]. 红外与毫米波学报，28(3)：168-172.

沈琳璐，廖晓斌，刘早红，等，2019. 某水库夏季水质垂直分布原因分析及启示意义[J]. 环境科学与技术，42(S1)：212-216.

施坤，李云梅，王桥，等，2010. 内陆湖泊富营养化水体散射系数模型研究[J].
　　光学学报，30(9)：2478-2485.

时志强，张运林，殷燕，等，2012. 博斯腾湖夏季水下光场特征分析及影响因素
　　探讨[J]. 环境科学学报，32(12)：2969-2977.

宋庆君，唐军武，2006. 黄海、东海海区水体散射特性研究[J]. 海洋学报(中文
　　版)，28(4)：56-63.

苏文，姜广甲，马荣华，等，2016. 富营养化水体中光学活性物质的垂向分布及
　　其对遥感反射光谱的影响[J]. 环境科学学报，36(10)：3589-3599.

孙德勇，李云梅，乐成峰，等，2007. 太湖水体散射特性及其与悬浮物浓度关系
　　模型[J]. 环境科学，28(12)：2688-2694.

孙德勇，李云梅，王桥，等，2008. 太湖水体散射特性及其空间分异[J]. 湖泊科
　　学，20(3)：389-395.

王国祥，马向东，常青，2014. 洪泽湖湿地——江苏泗洪洪泽湖湿地国家级自
　　然保护区科学考察报告 [M]. 北京：科学出版社.

王旭东，2017. 基于气-水辐射传输模拟的水色参数一体化遥感估算研究[D].
　　南京：南京师范大学.

王治良，王国祥，常青，2006. 江苏泗洪洪泽湖湿地自然保护区生态评价[J].
　　南京师大学报(自然科学版)，29(2)：115-119.

杨曦光，黄海军，严立文，等，2015. 近岸水体表层悬浮泥沙平均粒径遥感反演
　　[J]. 武汉大学学报(信息科学版)，40(2)：164-169.

余自强，2019. 鄱阳湖水体悬浮颗粒物垂向分布及其对水体光学特性的影响
　　[D]. 南昌：南昌工程学院.

张运林，秦伯强，陈伟民，等，2004. 太湖水体中悬浮物研究[J]. 长江流域资源
　　与环境，13(3)：266-271.

郑著彬，2018. 洞庭湖水下光场时空格局及其驱动力的遥感研究 [D]. 南京：南
　　京师范大学.

Aas E，Høkedal J，Sørensen K，2005. Spectral backscattering coefficient in
　　coastal waters[J]. International Journal of Remote Sensing，26(2)：331
　　-343.

Agrawal Y C，Pottsmith H C，2000. Instruments for particle size and settling
　　velocity observations in sediment transport[J]. Marine Geology，168(1-
　　4)：89-114.

Ahn J H，2012. Size distribution and settling velocities of suspended particles
　　in a tidal embayment[J]. Water Research，46(10)：3219-3228.

Albert A, Mobley C D, 2003. An analytical model for subsurface irradiance and remote sensing reflectance in deep and shallow case-2 waters[J]. Optics Express, 11(22): 2873-2890.

Alcantara E, Curtarelli M, Stech J, 2016. Estimating total suspended matter using the particle backscattering coefficient: results from the Itumbiara hydroelectric reservoir (Goias State, Brazil)[J]. Remote Sensing Letters, 7(4): 397-406.

Bader H, 1970. Hyperbolic distribution of particle sizes[J]. Journal of Geophysical Research, 75(15): 2822-2830.

Baker E T, Lavelle J W, 1984. Eeffect of particle size on the light attenuation coefficient of natural suspensions[J]. Journal of Geophysical Research, 89 (C5): 8197-8203.

Bernardo N, do Carmo A, Park E, et al, 2019. Retrieval of suspended particulate matter in inland waters with widely differing optical properties using a semi-analytical scheme[J]. Remote Sensing, 11(19): 2283.

Binding C E, Bowers D G, Mitchelson-Jacob E G, 2005. Estimating suspended sediment concentrations from ocean colour measurements in moderately turbid waters: The impact of variable particle scattering properties[J]. Remote Sensing of Environment, 94(3): 373-383.

Boss E S, Twardowski M, Herring S, 2001. Shape of the particulate beam attenuation spectrum and its inversion to obtain the shape of the particulate size distribution[J]. Applied Optics, 40(27): 4885-4893.

Bowers D G, Binding C E, Ellis K M, 2007. Satellite remote sensing of the geographical distribution of suspended particle size in an energetic shelf sea [J]. Estuarine Coastal and Shelf Science, 73(3-4): 457-466.

Bowers D G, Braithwaite K M, Nimmo-Smith W A M, et al, 2009. Light scattering by particles suspended in the sea: The role of particle size and density[J]. Continental Shelf Research, 29(14): 1748-1755.

Cao Z, Duan H T, Feng L, et al, 2017. Climate- and human-induced changes in suspended particulate matter over Lake Hongze on short and long timescales[J]. Remote Sensing of Environment, 192: 98-113.

Charantonis A A, Badran F, Thiria S, 2015. Retrieving the evolution of vertical profiles of Chlorophyll-a from satellite observations using Hidden Markov Models and Self-Organizing Topological Maps[J]. Remote Sensing of Environment, 163: 229-239.

Chen J, Cui T W, Qiu Z F, et al, 2014. A three-band semi-analytical model for deriving total suspended sediment concentration from HJ-1A/CCD data in turbid coastal waters[J]. Journal of Photogrammetry and Remote Sensing, 93: 1-13.

Chen R F, Gardner G B, 2004. High-resolution measurements of chromophoric dissolved organic matter in the Mississippi and Atchafalaya River plume regions[J]. Marine Chemistry, 89(1-4): 103-125.

Chen S S, Huang W R, Wang H Q, et al, 2009. Remote sensing assessment of sediment re-suspension during Hurricane Frances in Apalachicola Bay, USA[J]. Remote Sensing of Environment, 113(12): 2670-2681.

Curran K J, Hill P S, Milligan T G, 2002. Fine-grained suspended sediment dynamics in the Eel River flood plume[J]. Continental Shelf Research, 22 (17): 2537-2550.

Deng Y B, Zhang Y L, Li D P, et al, 2017. Temporal and spatial dynamics of phytoplankton primary production in Lake Taihu derived from MODIS data[J]. Remote Sensing, 9(3): 195.

Doron M, Babin M, Mangin A, et al, 2007. Estimation of light penetration, and horizontal and vertical visibility in oceanic and coastal waters from surface reflectance[J]. Journal of Geophysical Research: Oceans, 112 (C6): C06003.

Doxaran D, Lamquin N, Park Y J, et al, 2014. Retrieval of the seawater reflectance for suspended solids monitoring in the East China Sea using MODIS, MERIS and GOCI satellite data[J]. Remote Sensing of Environment, 146: 36-48.

Duan H T, Cao Z G, Shen M, et al, 2019. Detection of illicit sand mining and the associated environmental effects in China's fourth largest freshwater lake using daytime and nighttime satellite images[J]. Science of the Total Environment, 647: 606-618.

Eisma D, Schuhmacher T, Boekel H, et al, 1990. A camera and image-analysis system for in situ observation of flocs in natural waters[J]. Netherlands Journal of Sea Research, 27(1): 43-56.

Feng L, Hu C M, Chen X L, et al, 2012a. Assessment of inundation changes of Poyang Lake using MODIS observations between 2000 and 2010[J].

Remote Sensing of Environment, 121: 80-92.

Feng L, Hu C M, Chen X L, et al, 2012b. Human induced turbidity changes in Poyang Lake between 2000 and 2010: Observations from MODIS[J]. Journal of Geophysical Research: Oceans, 117(C7): C07006.

Forget P, Ouillon S, Lahet F, et al, 1999. Inversion of reflectance spectra of nonchlorophyllous turbid coastal waters[J]. Remote Sensing of Environment, 68(3): 264-272.

Gordon H R, Morel A, 1983. Remote assessment of ocean color for interpretation of satellite visible imagery: A review[J]. Lecture Notes on Coastal and Estuarine Studies, 4: 114.

Grunert B K, Mouw C B, Ciochetto A B, 2019. Deriving inherent optical properties from decomposition of hyperspectral non-water absorption[J]. Remote Sensing of Environment, 225: 193-206.

Guo C, Chen Y, Gozlan R E, et al, 2020. Patterns of fish communities and water quality in impounded lakes of China's south-to-north water diversion project[J]. Science of the Total Environment, 713: 136515.

Haltrin V I, 1998. Apparent optical properties of the sea illuminated by Sun and sky: Case of the optically deep sea[J]. Applied Optics, 37(36): 8336 -8340.

Hill P S, Boss E, Newgard J P, et al, 2011. Observations of the sensitivity of beam attenuation to particle size in a coastal bottom boundary layer[J]. Journal of Geophysical Research Oceans, 116(2): C02023.

Hill P S, Milligan T G, Geyer W R, 2000. Controls on effective settling velocity of suspended sediment in the Eel River flood plume[J]. Continental Shelf Research, 20(16): 2095-2111.

Hou X J, Feng L, Duan H T, et al, 2017. Fifteen-year monitoring of the turbidity dynamics in large lakes and reservoirs in the middle and lower basin of the Yangtze River, China[J]. Remote Sensing of Environment, 190: 107-121.

Huang C C, Yang H, Zhu A X, et al, 2015. Evaluation of the Geostationary Ocean Color Imager (GOCI) to monitor the dynamic characteristics of suspension sediment in Taihu Lake[J]. International Journal of Remote Sensing, 36(15): 3859-3874.

Huang J, Jiang T, 2018. Effects of nonuniform vertical profiles of suspended particles on remote sensing reflectance of turbid water[J]. (Igarss 2018) 2018 IEEE International Geoscience and Remote Sensing Symposium: 128 -131.

Jerlov N G, 1976. Marine optics [M]. New York: Elsevier Scientific Publishing Co.

Jonasz M, 1983. Particle-size distributions in the Baltic[J]. Tellus B: Chemical and Physical Meteorology B, 35(5): 346-358.

Jonasz M, Fournier G R, 2007. Light scattering by particles in water: Theoretical and experimental foundations [M]. New York: Elsevier Scientific Publishing Co.

Junge C E, 1963. Air chemistry and radioactivity [M]. New York: Academic Press.

Kirk J T O, 1994. Light and photosynthesis in aquatic systems [M]. Cambridge: Cambridge University Press.

Knaeps E, Ruddick K G, Doxaran D, et al, 2015. A SWIR based algorithm to retrieve total suspended matter in extremely turbid waters[J]. Remote Sensing of Environment, 168: 66-79.

Kostadinov T S, Siegel D A, Maritorena S, 2009. Retrieval of the particle size distribution from satellite ocean color observations[J]. Journal of Geophysical Research: Oceans, 114(9): C09015.

Kruse F A, Lefkoff A B, Boardman J W, et al, 1993. The spectral image processing system (SIPS)-interactive visualization and analysis of imaging spectrometer data[J]. Remote Sensing of Environment, 44(2-3): 145 -163.

Kutser T, Pierson D C, Tranvik L, et al, 2005. Using satellite remote sensing to estimate the colored dissolved organic matter absorption coeffcient in lakes[J]. Ecosystems, (8): 709-720.

Kutser T, Metsamaa L, Dekker A G, 2008. Influence of the vertical distribution of cyanobacteria in the water column on the remote snsing signal[J]. Estuarine, Coastal and Shelf Science, 78(4): 649-654.

Kutser T, Metsamaa L, Vahtmäe E, et al, 2007. Operative monitoring of the extent of dredging plumes in coastal ecosystems using MODIS satellite imagery[J]. Journal of Coastal Research, 50(SPEC. ISSUE 50): 180-184.

Lee Z P, Shang S L, Hu C M, et al, 2015. Secchi disk depth: A new theory and mechanistic model for underwater visibility[J]. Remote Sensing of Environment, 169: 139-149.

Lee Z P, Arnone R, Carder K, et al, 2007. Determination of primary bands for global ocean-color remote sensing[J]. Coastal Ocean Remote Sensing, 6680: 66800D.

Lee Z P, Carder K L, Arnone R A, 2002. Deriving inherent optical properties from water color: A multiband quasi-analytical algorithm for optically deep waters[J]. Applied Optics, 41(27): 5755-5772.

Lee Z P, Hu C M, Shang S L, et al, 2013. Penetration of UV-visible solar radiation in the global oceans: Insights from ocean color remote sensing[J]. Journal of Geophysical Research: Oceans, 118(9): 4241-4255.

Lei S H, Wu D, Li Y M, et al, 2019a. Remote sensing monitoring of the suspended particle size in Hongze Lake based on GF-1 data[J]. International Journal of Remote Sensing, 40(8): 3179-3203.

Lei S H, Xu J, Li Y M, et al, 2020a. An approach for retrieval of horizontal and vertical distribution of total suspended matter concentration from GO-CI data over Lake Hongze [J]. Science of the Total Environment, 700: 134524.

Lei S H, Xu J, Li Y M, et al, 2019b. Remote monitoring of PSD slope under the influence of sand dredging activities in Lake Hongze based on landsat-8/OLI data and VIIRS/DNB night-time light composite data[J]. IEEE Journal of Selected Topics in Applied Earth Observations and Remote Sensing, 12(11): 4198-4212.

Lei S H, Xu J, Li Y M, et al, 2020b. Temporal and spatial distribution of Kd (490) and its response to precipitation and wind in lake Hongze based on MODIS data[J]. Ecological Indicators, 108: 105684.

Li J, Ma R H, Xue K, et al, 2018. A remote sensing algorithm of column-integrated algal biomass covering algal bloom conditions in a shallow eutrophic lake [J]. ISPRS International Journal of Geo-Information, 7 (12): 466.

Li J, Tian L Q, Song Q J, et al, 2019. A near-infrared band-based algorithm for suspended sediment estimation for turbid waters using the experimental Tiangong 2 moderate resolution wide-wavelength imager[J]. IEEE Journal of Selected Topics in Applied Earth Observations and Remote

Sensing，12(3)：774-787.

Li J，Zhang Y C，Ma R H，et al，2017a. Satellite-based estimation of column-integrated algal biomass in nonalgae bloom conditions：A case study of Lake Chaohu，China［J］. IEEE Journal of Selected Topics in Applied Earth Observations and Remote Sensing，10(2)：450-462.

Li Y P，Tang C Y，Wang J W，et al，2017b. Effect of wave-current interactions on sediment resuspension in large shallow Lake Taihu，China［J］. Environmental Science and Pollution Research，24(4)：4029-4039.

Lin J F，Lee Z P，Ondrusek M，et al，2018a. Hyperspectral absorption and backscattering coefficients of bulk water retrieved from a combination of remote-sensing reflectance and attenuation coefficient［J］. Optics Express，26(2)：A157-A177.

Lin J F，Lyu H，Miao S，et al，2018b. A two-step approach to mapping particulate organic carbon (POC) in inland water using OLCI images［J］. Ecological Indicators，90：502-512.

Liu G，Li L，Song K S，et al，2020. An OLCI-based algorithm for semi-empirically partitioning absorption coefficient and estimating chlorophyll a concentration in various turbid case-2 waters［J］. Remote Sensing of Environment，239：111648.

Liu J，Liu J H，He X Q，et al，2018. Diurnal dynamics and seasonal variations of total suspended particulate matter in highly turbid Hangzhou Bay waters based on the Geostationary Ocean Color Imager［J］. IEEE Journal of Selected Topics in Applied Earth Observations and Remote Sensing，11(7)：2170-2180.

Lodhi M A，Rundquist D C，2001. A spectral analysis of bottom-induced variation in the colour of Sand Hills lakes，Nebraska，USA［J］. International Journal of Remote Sensing，22(9)：1665-1682.

Loisel H，Nicolas J M，Sciandra A，et al，2006. Spectral dependency of optical backscattering by marine particles from satellite remote sensing of the global ocean［J］. Journal of Geophysical Research：Oceans，111(9)：C09024.

Maffione R A，Dana D R. 1997. Instruments and methods for measuring the backward-scattering coefficient of ocean waters［J］. Applied Optics，36(24)：6057-6067.

Miao S, Lyu H, Wang Q, et al, 2019. Estimation of terrestrial humic-like substances in inland lakes based on the optical and fluorescence characteristics of chromophoric dissolved organic matter (CDOM) using OLCI images[J]. Ecological Indicators, 101: 399-409.

Mie G, 1908. Beiträge zur Optik trüber Medien, speziell kolloidaler Metallösungen[J]. Annalen der Physik, 330(3): 377-445.

Mobley C D, 1994. Light and water: Radiative transfer in natural waters [M]. Academic Press.

Mobley C D, Gentili B, Gordon H R, et al, 1993. Comparison of numerical models for computing underwater light fields[J]. Applied Optics, 32(36): 7484-7504.

Moore S C, Alam M F, Heikkinen M, et al, 2017. The effectiveness of an intervention to reduce alcohol-related violence in premises licensed for the sale and on-site consumption of alcohol: a randomized controlled trial[J]. Addiction, 112(11): 1898-1906.

Morel A, 1974. Optical properties of pure water and pure sea water[M]. Academic Press.

Mueller J L, Morel A, Frouin R, et al, 2003. Ocean optics protocols for satellite ocean color sensor validation, revision 4, volume III: Radiometric Measurements and Data Analysis Protocols[J]. NASA.

Nanu L, Robertson C, 1993. The effect of suspended sediment depth distribution on coastal water spectral reflectance: theoretical simulation[J]. International Journal of Remote Sensing, 14(2): 225-239.

Neukermans G, Loisel H, Meriaux X, et al, 2012. In situ variability of mass-specific beam attenuation and backscattering of marine particles with respect to particle size, density, and composition[J]. Limnology and Oceanography, 57(1): 124-144.

Nouchi V, Odermatt D, Wüest A, et al, 2018. Effects of non-uniform vertical constituent profiles on remote sensing reflectance of oligo- to mesotrophic lakes[J]. European Journal of Remote Sensing, 51(1): 808-821.

Organelli E, Dall'Olmo G, Brewin R J W, et al, 2018. The open-ocean missing backscattering is in the structural complexity of particles[J]. Nature Communications, 9(1): 5439.

Pope R M, Fry E S, 1997. Absorption spectrum (380-700 nm) of pure water.

II. Integrating cavity measurements[J]. Applied Optics, 36(33): 8710 -8723.

Preisendorfer R W, 1976. Hydrologic Optics [M]. Honolulu: US. Dept of Commerce, National Oceanic and Atmospheric Administration, Environmental Research Laboratories, Pacific Marine Evironmental Laboratory.

Qiu Z F, Sun D Y, Hu C M, et al, 2016. Variability of particle size distributions in the Bohai Sea and the Yellow Sea[J]. Remote Sensing, 8 (11): 949.

Ren Y, Pei H Y, Hu W R, et al, 2014. Spatiotemporal distribution pattern of cyanobacteria community and its relationship with the environmental factors in Hongze Lake, China[J]. Environmental Monitoring and Assessment, 186(10): 6919-6933.

Risoviĉ D, 2002. Effect of suspended particulate-size distribution on the backscattering ratio in the remote sensing of seawater[J]. Applied Optics, 41 (33): 7092-7101.

Saulquin B, Fablet R, Ailliot P, et al, 2015. Characterization of time-varying regimes in remote sensing time series: Application to the forecasting of satellite-derived suspended matter concentrations[J]. IEEE Journal of Selected Topics in Applied Earth Observations & Remote Sensing, 1(1): 406-417.

Sevadjian J C, McPhee-Shaw E E, Raanan B Y, et al, 2015. Vertical convergence of resuspended sediment and subducted phytoplankton to a persistent detached layer over the southern shelf of Monterey Bay, California [J]. Journal of Geophysical Research: Oceans, 120(5): 3462-3483.

Shi W, Wang M H. 2019. Characterization of suspended particle size distribution in global highly turbid waters from VIIRS measurements[J]. Journal of Geophysical Research: Oceans, 124(6): 3796-3817.

Shi W, Wang M H, Zhang Y L, 2019. Inherent optical properties in Lake Taihu derived from VIIRS satellite observations[J]. Remote Sensing, 11 (12): 1426.

Shi W, Zhang Y L, Wang M H, 2018. Deriving total suspended matter concentration from the near-infrared-based inherent optical properties over turbid waters: A case study in Lake Taihu[J]. Remote Sensing, 10 (2): 333.

Stramski D, Boss E, Bogucki D, et al, 2004. The role of seawater constituents in light backscattering in the ocean[J]. Progress in Oceanography, 61(1): 27-56.

Sullivan J M, Twardowski M S, Donaghay P L, et al, 2005. Use of optical scattering to discriminate particle types in coastal waters[J]. Applied Optics, 44(9): 1667-1680.

Sun D Y, Qiu Z F, Hu C M, et al, 2016. A hybrid method to estimate suspended particle sizes from satellite measurements over Bohai Sea and Yellow Sea[J]. Journal of Geophysical Research Oceans, 121(9): 6742-6761.

Sun D Y, Chen S G, Qiu Z F, et al, 2017. Second-order variability of inherent optical properties of particles in Bohai Sea and Yellow Sea: Driving factor analysis and modeling[J]. Limnology and Oceanography, 62(3): 1266-1287.

Tian L Q, Wai O W H, Chen X L, et al, 2014. Assessment of total suspended sediment distribution under varying tidal conditions in Deep Bay: Initial results from HJ-1A/1B satellite CCD images[J]. Remote Sensing, 6(10): 9911-9929.

Twardowski M S, Boss E, Macdonald J B, et al, 2001. A model for estimating bulk refractive index from the optical backscattering ratio and the implications for understanding particle composition in case I and case II waters[J]. Journal of Geophysical Research: Oceans, 106(C7): 14129-14142.

Uitz J, Claustre H, Morel A, et al, 2006. Vertical distribution of phytoplankton communities in open ocean: An assessment based on surface chlorophyll[J]. Journal of Geophysical Research: Oceans, 111(C8): C08005.

Volpe V, Silvestri S, Marani M, 2011. Remote sensing retrieval of suspended sediment concentration in shallow waters[J]. Remote Sensing of Environment, 115(1): 44-54.

Wang S L, Lee Z P, Shang S L, et al, 2019. Deriving inherent optical properties from classical water color measurements: Forel-Ule index and Secchi disk depth[J]. Optics Express, 27(5): 7642-7655.

Wang S Q, Qiu Z F, Sun D Y, et al, 2016. Light beam attenuation and backscattering properties of particles in the Bohai Sea and Yellow Sea with relation to biogeochemical properties[J]. Journal of Geophysical Research: Oceans, 121(6): 3955-3969.

Winterwerp J C, Manning A J, Martens C, et al, 2006. A heuristic formula for turbulence-induced flocculation of cohesive sediment[J]. Estuarine, Coastal and Shelf Science, 68(1): 195-207.

Wozniak S B, Stramski D, 2004. Modeling the optical properties of mineral particles suspended in seawater and their influence on ocean reflectance and chlorophyll estimation from remote sensing algorithms[J]. Applied Optics, 43(17): 3489-3503.

Wozniak S B, Stramski D, Stramska M, et al, 2010. Optical variability of seawater in relation to particle concentration, composition, and size distribution in the nearshore marine environment at Imperial Beach, California [J]. Journal of Geophysical Research: Oceans, 115(8).

Xi H Y, Larouche P, Tang S L, et al, 2014. Characterization and variability of particle size distributions in Hudson Bay, Canada[J]. Journal of Geophysical Research Oceans, 119(6): 3392-3406.

Xi Y F, Du K P, Zhang L H, et al, 2010. The influence of nonuniform vertical profiles of chlorophyll concentration on apparent optical properties[J]. Spectroscopy and Spectral Analysis, 30(2): 489-494.

Xu J, Lei S H, Bi S, et al, 2020. Tracking spatio-temporal dynamics of POC sources in eutrophic lakes by remote sensing[J]. Water Research, 168: 115162.

Xu Y, Qin B Q, Zhu G W, et al, 2019. High temporal resolution monitoring of suspended matter changes from GOCI measurements in Lake Taihu[J]. Remote Sensing, 11(8): 985.

Xue K, Ma R H, Duan H T, et al, 2019. Inversion of inherent optical properties in optically complex waters using sentinel-3A/OLCI images: A case study using China's three largest freshwater lakes[J]. Remote Sensing of Environment, 225: 328-346.

Xue K, Zhang Y C, Duan H T, et al, 2015. A remote sensing approach to estimate vertical profile classes of phytoplankton in a eutrophic lake[J]. Remote Sensing, 7(11): 14403-14427.

Xue K, Zhang Y C, Ma R H, et al, 2017. An approach to correct the effects of phytoplankton vertical nonuniform distribution on remote sensing reflectance of cyanobacterial bloom waters[J]. Limnology and Oceanography Methods, 15(3): 302-319.

Zeng S, Lei S H, Li Y M, et al, 2020. Retrieval of secchi disk depth in Turbid Lakes from GOCI based on a new semi-analytical algorithm[J]. Remote Sensing, 12(9): 1516.

Zhang Y B, Shi K, Zhang Y L, et al, 2018. A semi-analytical model for estimating total suspended matter in highly turbid waters[J]. Optics Express, 26(26): 34094-34112.

Zhao C J, Maerz J, Hofmeister R, et al, 2019. Characterizing the vertical distribution of chlorophyll a in the German Bight[J]. Continental Shelf Research, 175: 127-146.

Zheng Z B, Li Y M, Guo Y L, et al, 2015. Landsat-based long-term monitoring of total suspended matter concentration pattern change in the wet season for Dongting Lake, China[J]. Remote Sensing, 7(10): 13975-13999.

Zheng Z B, Ren J L, Li Y M, et al, 2016. Remote sensing of diffuse attenuation coefficient patterns from Landsat 8 OLI imagery of turbid inland waters: A case study of Dongting Lake[J]. Science of the Total Environment, 573: 39-54.

Zhou Y Q, Ma J R, Zhang Y L, et al, 2017. Improving water quality in China: Environmental investment pays dividends[J]. Water Research, 118: 152-159.

后 记

本书付梓之际，我们要特别感谢指导本书撰写和参与室内外实验的老师和同学们。

感谢吕恒教授、黄家柱教授、查勇教授、韦玉春教授、蒋建军教授、李硕教授、汪闽教授、闾国年教授、盛业华教授、汤国安教授、袁林旺教授，以及周娅、侯泽宇、黄丽娟、王俊淑、周安宁、周洁雨、徐淑琴等老师的指导。

感谢赴美留学期间印第安纳大学地球科学系 Lin Li 教授、Lixin Wang 老师、陈玉老师、路春燕老师、江淼华老师、田超老师、潘瑞明师兄、焦文哲师兄，以及袁宇森、乔娜、李瑞、孟冠男、王望伟等同学，对本书的指导。

感谢乐成峰、孙德勇、施坤、黄昌春、龚邵琦、李渊、郭宇龙、刘阁、郑著彬、杜成功、陆超平、潘洪州、徐祎凡、王永波、王帅、王旭东师兄，牟蒙、冯驰、赵丽娜、张思敏、王艳楠、金琦师姐，徐杰、温爽、时蕾同学，曾帅、吴志明、苗松、毕顺、王怀警、国洪磊、周玲、洪恬林、王睿、李建超、许佳峰、杨子谦、李玲玲、李杨杨、董宪章、李俊达、卞迎春、刘怀庆、蔡小兰、仲苏珂等师弟师妹，在室内外实验上的指导和帮助。

感谢武汉大学陈晓玲老师、田礼乔老师、陈莉琼老师，山东大学裴海燕老师、王玉婷学姐，山东科技大学黄珏老师，中国科学院南京地理与湖泊研究所张运林老师、马荣华老师、段洪涛老师、曹志刚同学，中国科学院东北地理与农业生态研究所宋开山老师、温志丹老师、房冲同学，南京水利科学研究院李晶老师，英国数字光学有限公司（Numerical Optics Ltd）的 Curties Mobley 和 John Hedley 教授，青岛海洋研究设备服务有限公司李明波工程师等，在本书实验设计时给予的无私帮助。特别感谢刘阁师兄、蔡小兰师妹在本书程序优化上的指导和帮助。感谢徐杰、李玲玲、许佳峰、李俊达、蔡小兰、董宪章、国洪磊、高辰源等同学对本书语病和格式等的订正。

在本书撰写和实验过程中，还有许多老师和朋友给予了无私的指导和帮助，在此一并表示感谢！